Studienkurs
Management in der Sozialwirtschaft

Herausgegeben von
Prof. Dr. Armin Wöhrle

STUDIENKURS MANAGEMENT IN DER SOZIALWIRTSCHAFT

Prof. Dr. Ludger Kolhoff/Prof. Dr. Georg Kortendieck

Personalmanagement und Personalwirtschaft

Die Deutsche Bibliothek – CIP-Einheitsaufnahme

Die Deutsche Bibliothek verzeichnet diese Publikation in
der Deutschen Nationalbibliografie; detaillierte bibliografische
Daten sind im Internet über http://dnb.ddb.de abrufbar.

ISBN 3-8329-1633-4

1. Auflage 2006
© Nomos Verlagsgesellschaft, Baden-Baden 2006 Printed in Germany. Alle Rechte, auch die des Nachdrucks von Auszügen, der fotomechanischen Wiedergabe und der Übersetzung, vorbehalten. Gedruckt auf alterungsbeständigem Papier.

Inhaltsverzeichnis

Abkürzungsverzeichnis	7
Verzeichnis der Abbildungen	8
Literaturverzeichnis	10
1 Einführung (L. Kolhoff)	13
1.1 Die Bedeutung der Organisationstheorien für das Personalmanagement	14
1.1.1 Technostruktur	14
1.1.2 Soziostruktur	15
1.1.3 Systemstruktur	17
1.1.4 Organisationstheorien und Menschenbilder	19
1.2 Fazit	22
2 Personalmanagement im Sinne einer Verhaltenssteuerung (L. Kolhoff)	25
2.1 Wertewandel und Auswirkungen auf das Personalmanagement	26
2.2 Personalführung	28
2.2.1 Führungsmodelle	29
2.2.2 Führungsstile	46
2.2.3 Führungstechniken (Management by Techniken)	57
2.3 Fazit: Veränderungen des Führungsverständnisses	65
3 Personalwirtschaft im Sinne einer Systemgestaltung (G. Kortendieck)	68
3.1 Personalwirtschaft und Unternehmensstrategien im Dienste der Systemgestaltung	68
3.2 Personalplanung	71
3.2.1 Ziele der Personalplanung	71
3.2.2 Personalbedarfsplanung	74
3.2.3 Personalausstattungsplanung	82
3.2.4 Fluktuation und Fehlzeiten	86
3.2.5 Personaleinsatzplanung	88
3.3 Personalbeschaffung	92
3.3.1 Anforderungsprofile	93
3.3.2 Personaleinstellungen als Investitionen	96
3.3.3 Personalgewinnung	97
3.3.4 Personalauswahl	101
3.3.5 Dilemma der Personalauswahl	103
3.4 Arbeitsverträge	110
3.4.1 Rechtliche Rahmenbedingungen des Personalmanagements	110
3.4.2 Rechte und Pflichten aus dem Arbeitsvertrag	112
3.4.3 Arbeitnehmer und Scheinselbstständige	112
3.4.4 Befristete Arbeitsverhältnisse	114
3.4.5 Unbefristeter Arbeitsvertrag	116
3.4.6 Beendigung des Arbeitsverhältnisses	118

3.5	Die Personalhonorierung		121
	3.5.1	Berücksichtigung von Gerechtigkeitskriterien	122
	3.5.2	Eingruppierung und Bewährungsaufstieg im BAT	124
	3.5.3	Probleme des Bundesangestelltentarifs	128
	3.5.4	Personalkostenmanagement	130
3.6	Personalbeurteilung		132
	3.6.1	Ziele und Gegenstand der Mitarbeiterbeurteilung	133
	3.6.2	Vorgehensweise der Mitarbeiterbeurteilung	134
	3.6.3	Mitarbeiterbeurteilungsbogen	137
	3.6.4	Bewertungsstufen	139
	3.6.5	Beurteilungsfehler	142
	3.6.6	Vorgesetztenbeurteilung und Mitarbeiterumfragen	143
	3.6.7	Das Zielvereinbarungsgespräch	144
3.7	Personalentwicklung		147
	3.7.1	Ziele der Personalentwicklung	148
	3.7.2	Ablauf der Personalentwicklung	148
	3.7.3	Konzepte der Personalentwicklung	156
3.8	Fazit		156
4	Literatur		163
5	Antworten zu den im Text gestellten Fragen		167
6	Die Autoren		175

Abkürzungsverzeichnis

Abb.	Abbildung
Abs.	Absatz
BAT	Bundesangestelltentarif
B/L	Bund/Länder
BErzGG.	Bundeserziehungsgeldgesetz
Betr.Vg.	Betriebsverfassungsgesetz
BGB	Bürgerliches Gesetzbuch
bsw.	beispielsweise
bzw.	beziehungsweise
ca.	cirka
EU	Europäische Union
GG	Grundgesetz
h.	Stunde
HbL.	Hilfe in besonderen Lebenslagen
i.d.R.	in der Regel
LiFo	Last in First out
mBz.	Mittlere Bearbeitungszeit
p.a.	per anno
p.m.	pro Monat
SGB	Sozialgesetzbuch
TVöB	Tarifvertrag des öffentlichen Bereichs
TZ	Teilzeitstelle
TzBfg.	Teilzeitbefristungsgesetz
u.a.	unter anderem
vgl.	vergleiche
VZ	Vollzeitstelle
z.B.	zum Beispiel
z.T.	zum Teil

Verzeichnis der Abbildungen

Abb. 1:	Überblick über Denkfehler und Lösungsansätze im Umgang mit komplexen Situationen	18
Abb. 2:	Organisatorische Konsequenzen unterschiedlicher Menschenbilder	21
Abb. 3:	Zwei-Komponenten-Struktur der Arbeitsmoral	27
Abb. 4:	Bedürfnis-Pyramide nach Maslow	37
Abb. 5:	Grundstruktur des Vroom-Modells	40
Abb. 6:	Auswirkungen des VIE Modells	40
Abb. 7:	Regelkreismodell	41
Abb. 8:	Charakteristika der wichtigsten Entscheidungstheorien	45
Abb. 9:	Verhaltensgitter (Managerial Grid) nach Blake/Mouton	52
Abb. 10:	Das 3-D-Modell der Führung nach Reddin	55
Abb. 11:	Das situative Führungsstilmodell nach Hersey/Blanchard	56
Abb. 12:	Management by Exception	58
Abb. 13:	Die Delegation	59
Abb. 14:	Durchgängigkeit des Delegationsprinzips	61
Abb. 15:	Dimensionierung von Aufgaben, Kompetenzen und Verantwortungen	61
Abb. 16:	Management by Objectives als Kreislaufschema	62
Abb. 17:	Zielpyramide	63
Abb. 18:	Führungsverhalten im Wandel der Zeiten – metaphorisch betrachtet	66
Abb. 19:	Strategische Personalwirtschaft	69
Abb. 20:	Michigan-Ansatz	69
Abb. 21:	Strategietypen nach Porter (1999)	70
Abb. 22:	Ganzheitliches Personalmanagement	71
Abb. 23:	Personalplanung	72
Abb. 24:	Übersicht Mitarbeitergespräch	75
Abb. 25:	Personalbedarfsplanung	76
Abb. 26:	Ermittlung von Pflegebedarfswerten	79
Abb. 27:	Berechnung des Personalbedarfes in Sozialämtern	81
Abb. 28:	Spezialisierungsgewinne bei großen Teams	82
Abb. 29:	Optimaler Personalbedarf	83
Abb. 30:	Ausstattungsplanung	83
Abb. 31:	Bestimmungsfaktoren individueller Leistung	85
Abb. 32:	Grundmodelle flexibler Arbeitszeitgestaltung	89
Abb. 33:	Innovative Arbeitszeitmodelle	90
Abb. 34:	Kostensituation	91
Abb. 35:	Auslastungsproblematik	91
Abb. 36:	Schichtdienst	91
Abb. 37:	Anforderungsprofil	93
Abb. 38:	Führungsebenen und Führungskompetenz	94
Abb. 39:	Berufliche Anforderungen an eine(n) Bewährungshelfer(in)	94
Abb. 40:	Berufliche Anforderungen an eine(n) leitende(n) Bewährungshelfer(in)	95
Abb. 41:	Kostenvergleichsrechnung	97
Abb. 42:	Interne und externe Personalbeschaffung	99

Verzeichnis der Abbildungen

Abb. 43:	Validität von Auswahlverfahren	102
Abb. 44.	Geeignete Personalauswahlmethoden	102
Abb. 45:	Dilemma der Personalauswahl	103
Abb. 46:	Zeugnisnoten	107
Abb. 47:	Strukturiertes Interview	108
Abb. 48:	Situatives Dreieck	109
Abb. 49:	Situatives Dreieck bei Führungskonflikten	109
Abb. 50:	Rechtliche Rahmenbedingungen des Personalmanagements	110
Abb. 51:	Individuelles und kollektives Arbeitsrecht	111
Abb. 52:	Rechte und Pflichten aus dem Arbeitsvertrag	112
Abb. 53:	Arbeits-, Dienst- und Werkvertrag	113
Abb. 54:	Kündigungsfristen	120
Abb. 55:	Verteilungsgerechtigkeit in der Lohnfindung	123
Abb. 56:	Vergütungstabelle BAT Bund/Länder Stand 2004	125
Abb. 57:	Eingruppierung von SozialarbeiterInnen	127
Abb. 58:	Bewährungsaufstieg	128
Abb. 59:	Neue Entgelttabelle öffentlicher Dienst	131
Abb. 60:	JoHari-Fenster	134
Abb. 61:	Zielsetzung der Mitarbeiterbeurteilung	135
Abb. 62:	Beurteilungskriterien aus Stakeholdersicht	136
Abb. 63:	Muster eines Beurteilungsbogens	138
Abb. 64:	Bewertungsstufen	140
Abb. 65:	Beurteilungsbogen VorpraktikantInnen	141
Abb. 66:	Umfrage zur Mitarbeiterzufriedenheit	144
Abb. 67:	Auswertung der Umfrage zur Mitarbeiterzufriedenheit	145
Abb. 68:	Zielvereinbarungsbogen	147
Abb. 69:	Ziele der Personalentwicklung	148
Abb. 70:	Ermittlung von Fähigkeitenprofilen	149
Abb. 71:	Ablauf der Personalentwicklung	150
Abb. 72:	Orientierung des Anforderungsprofils	151
Abb. 73:	Analyse der Marktkräfte	153
Abb. 74:	Wachstumszyklus von Dienstleistungen und Personalpolitik	154
Abb. 75:	Übersicht Personalentwicklungsmaßnahmen	157
Abb. 76:	Kriterienkatalog zur Durchführung von internen oder externen Weiterbildungsmaßnahmen	158

Literaturhinweise

Wenn man beim Internetbuchhändler amazon den Suchbegriff Personalmanagement eingibt, werden im Mai 2005 allein 858 deutschsprachige Bücher angegeben, und die Eingabe des Suchbegriffs Personalwirtschaft führt zu 251 Ergebnissen. Zu dem Themenfeld gibt es also eine Fülle von Publikationen. Deshalb möchten wir hier nur einige Standardwerke auflisten:

Drumm, H. J.: Personalwirtschaft, 5. Auflage, Berlin Heidelberg 2005. Drumm widmet sich in seiner Publikation den Zielen und Problemfeldern der Personalwirtschaft ebenso wie den klassischen Funktionen der Personalwirtschaft, Personalplanung, -bedarfsplanung, -bestandsplanung, -freisetzungsplanung, -beschaffung oder -entwicklung. Behandelt werden weiterhin Führungstheorien und Führungskonzeptionen.
Hentze J., Kammel, A., Lindert, K.: Personalführungslehre, 3. Auflage, Bern, Stuttgart, Wien 1997. In der Publikation werden grundlegende Kenntnisse und Theorien zur Personalführung dargestellt (personale Führungsansätze, Verhaltensansätze der Führung, Aufgabenumwelt und Führungsverhalten, Führungsbeziehungen, Führungsmodelle).
Hentze, J.: Personalwirtschaftslehre, 6. Auflage, Bern, Stuttgart, Wien 1994. Hentze verwendet einen entscheidungsorientierten Ansatz und bietet einen Gesamtüberblick über die Personalwirtschaft (personalwirtschaftliche Zielsysteme, Aufgabenbereiche, Methoden und organisatorische Gestaltungsmöglichkeiten, Personalbedarf, -beschaffung, -auswahl, -bindung, -entwicklung etc.)
Hilb, M.: Integriertes Personalmanagement – Ziele, Strategien, Instrumente, 12. Auflage, München, 2004. Hilb entwickelt ein Konzept des integrierten Personalmanagements mit dem Ziel ein Gleichgewicht zwischen den verschiedenen Stakeholdern eines Unternehmens (Kunden, Mitarbeiter, Eigentümer, Umwelt) zu schaffen.
Klimecki, R.G./Gmür, M.: Personalmanagement, 2. Auflage, Stuttgart 2001 interpretieren Personalmanagement aus der Perspektive eines entwicklungstheoretischen, evolutorischen Ansatzes, den sie mit sozial- und verhaltenswissenschaftlichen Theorien fundieren.
Olfert, K.: Personalwirtschaft, 11. Auflage Ludwigshafen 2005. Die Publikation beschäftigt sich mit den Themen: Grundlagen, Personalplanung, -beschaffung, -führung, -beurteilung, -entlohnung, -betreuung, -entwicklung, -verwaltung und -austritt.
Scholz, Ch.: Personalmanagement, 5. Auflage, München 2000. Scholz versteht das Personalmanagement als übergreifende Planungs- und Führungsfunktion. In dem Buch werden die Felder des Personalmanagements (wie Personalbedarfsbestimmung, – bestandsanalyse, -veränderung, -beschaffung, -entwicklung und -freisetzung -einsatz, -kostenmanagement und -führung) ebenso behandelt wie die Ebenen (strategisch, taktisch, operativ) und Ausrichtungen (informations- bzw. verhaltensorientiert) des Personalmanagements.
Wunderer, R.: Führung und Zusammenarbeit, 5. Auflage München, Neuwied 2003. Die Publikationen widmen sich unter anderem der motiv- und werteorientierten Führung und Führungsbeziehungen wie Personalbeurteilung und -entwicklung.

Das Themenfeld Personalmanagement in der Sozialwirtschaft behandeln:

Knorr, F.: Personalmanagement in der Sozialwirtschaft, Frankfurt 2001. Wie in den Standardwerken werden auch hier die Bereiche Personalführung und Motivation und die klassischen Elemente des Personalmanagements: Personalanalyse, -planung, -beschaffung, -einsatz, -beurteilung, -entwicklung etc. behandelt. In der Publikation erfolgt ein Bezug zur Sozialwirtschaft in der öffentlichen Sozialverwaltung, in freien Wohlfahrtsverbänden, bei kirchlichen Trägern und anderen Nonprofit Organisationen.

Ähnlich wie Knorr so widmet sich auch
Maelicke, B.: Führung und Zusammenarbeit, Baden-Baden 2004
den Bereichen Führungskonzepten, Führungsmodellen und Führungsstilen. Er behandelt das Themenfeld Führung im organisationalen Kontext der Sozialwirtschaft.

Schwarz, G., Beck, R.: Personalmanagement, Alling, 1997. Gotthart Schwarz und Reinhilde Beck widmen sich gesellschaftlichen Rahmenbedingungen, der Personalentwicklung und dem Personalmanagement im Rahmen lernender Organisationen.

1 Einführung (L. Kolhoff)

Im Zuge der aktuellen Finanzkrise im sozialen Sektor gewinnen Personalmanagement und Personalwirtschaft an Bedeutung, denn das Personal ist die wichtigste Ressource der Sozialwirtschaft. Ziel des Personalmanagements und der Personalwirtschaft in der Sozialwirtschaft ist es, Hilfe für Menschen in Not sicherzustellen und hierfür die Personalressourcen möglichst effizient einzusetzen.

Das Personal ist die wichtigste Ressource der Sozialwirtschaft

Die Begriffe Personalmanagement und Personalwirtschaft werden in der Literatur nicht klar von einander abgegrenzt. So nutzt Staehle den Begriff Personalmanagement als Synonym für das Management des Humanpotentials[1] (Staehle 1999, 776 ff) und Olfert/Steinbuch bezeichnen mit dem Begriff Personalwirtschaft die Gesamtheit der mitarbeiterbezogenen Gestaltungs- und Verwaltungsaufgaben im Unternehmen (Olfert/Steinbuch 2001, 22).

Wir verstehen unter Personalmanagement und Personalwirtschaft die Management- und Wirtschaftsfunktionen, die sich direkt oder indirekt auf die Beschäftigten in der Sozialwirtschaft richten. Für uns stellen das Personalmanagement und die Personalwirtschaft die Gesamtheit aller Ziele, Strategien und Instrumente dar, die das Verhalten von Führungskräften und Mitarbeitern in der Sozialwirtschaft prägen.

Zum Personalmanagement und zur Personalwirtschaft gehören so unterschiedliche Ebenen, wie

- Personalbedarfsbestimmung,
- Personalplanung,
- Personalgewinnung und -auswahl,
- Personaleinsatz,
- Personalentlohnung,
- Personalführung,
- Mitarbeitermotivation,
- Personalcontrolling,
- Personalbeurteilung,
- Personalentwicklung oder
- Personalfreisetzung.

Personalmanagement und Personalwirtschaft befassen sich mit Fragen der Verhaltenssteuerung (Personalführung, Motivation, Selbstmanagement, Umgang mit hochspezifischen Problemen wie Burnout und innere Kündigung) und der Systemgestaltung (systematische und zielgerichtete Personalauswahl, Eröffnung von Aufstiegs- und Karrierechancen, Abbau von Personal in Krisensituationen).

---

[1] In der deutschen Diskussion ist eine Veränderung vom Personalwesen zum Personalmanagement und in den USA vom Personal Management zum Human Resources Management zu konstatieren.

Wir werden in diesem Buch in einem ersten Schritt auf Organisationstheorien eingehen, die für Fragen des Personalmanagements und des Personalwesens prägend sind, und dann die Ebenen Verhaltenssteuerung (Personalmanagement) und Systemgestaltung (Personalwesen) behandeln.

1.1 Die Bedeutung der Organisationstheorien für das Personalmanagement

Organisationstheoretische Ansätze prägen das Personalmanagement und die Personalwirtschaft in entscheidender Weise. Dies gilt nicht nur für die Ebene der Systemgestaltung sondern auch für die Verhaltenssteuerung. Im folgenden Kapitel werden klassische Organisationstheorien anhand von drei Ebenen unterschieden:
1. Technostruktur,
2. Soziostrukur,
3. Systemstrukur.

Das Personalmanagement und die Personalwirtschaft in sozialen Einrichtungen orientieren sich vorwiegend an technostrukturierten Ansätzen. Systemgestaltung und Verhaltenssteuerung erfolgen in der Regel im Rahmen der klassischen Linienorganisation. Personalentwicklungsmaßnahmen sind in diesem Kontext klassische Kenntnisvermittlungen. Doch im Zuge der aktuellen Diskussion zum Umbau des Sozialstaates werden im Rahmen der Einführung neuer Steuerungsmodelle bei öffentlichen Trägern und von Marktmechanismen bei freien Trägern (Stichwort: Leistungsverträge und Leistungsentgelte) zunehmend sozio- und systemstrukturierte Managementansätze eingefordert. Die historischen Wurzeln dieser Ansätze liegen im sozialen Sektor. Doch sie werden erst jetzt, im Zuge der aktuellen Krise des Sozialstaates, über den Umweg Betriebswirtschaftslehre neu entdeckt.

1.1.1 Technostruktur[2]

Sachorientiert — Die technostrukturierten Organisationstheorien beschreiben Organisationen, die sachorientiert sind und formalen Anforderungen genügen. Sachorientiertes Personalmanagement und Personalwirtschaft bedeuten, dass z.B. Stellen sich an der Logik der zu bewältigenden Aufgaben und ihrer optimalen Aufgliederung ausrichten.
Unter formalen Anforderungen sind schriftliche Regelungen von Aufgabenverteilungen, Kompetenzen und Arbeitsprozessen zu verstehen (Gomez, Zimmermann, 1999, 41). Hierzu gehören Anweisungen und Richtlinien wie Organigramme, Funktionsdiagramme, Stellenbeschreibungen, Handbücher etc.. Die Technostruktur wird auch als »**Human Engineering**« bezeichnet.

---

2 Die Kapitel 1.1.1 – 1.1.3 sind mit Änderungen Kolhoff 2003, 17 – 27 entnommen.

Der erkenntnistheoretische Hintergrund ist mit dem Stichwort »Mechanischer Rationalismus« zu kennzeichnen. Der Mensch wird als triviale Maschine wahrgenommen, der sich in die Organisation einzupassen hat. Das »Human Engineering« orientiert sich an der äußeren Organisation. Ihm sind die Organisationstheorien: »Scientific Management«, »Administrative Management« und das »Bürokratiemodell« zuzuordnen. Da das »Scientific Management« (Taylor 1911) in sozialen Einrichtungen äußerst selten vorkommt, werden die beiden letzteren Theorien ausführlicher vorgestellt.

Fayol (1916) will allgemeingültige Verwaltungsprinzipien entwickeln. Hierzu unterteilt er Unternehmensorganisationen in sechs Organisationstypen: Technik, Verkauf, Finanzierung, Sicherheit, Buchhaltung und Administration. Die Administration bekommt die Aufgaben: Planung, Organisation, Auftragserteilung, Koordination und Kontrolle. Weiterhin unterscheidet Fayol Aufbau- und Ablauforganisation und führt in Anlehnung an das Funktionsmeisterprinzip von Taylor die Grundmodelle der Linien- und Stablinienorganisation ein.

»Administrative Managementtheorien« (Henry Fayol)

Der deutsche Soziologe Max Weber hat mit seinen Untersuchungen zur bürokratischen Herrschaft wichtige Grundlagen zum Verständnis von Organisationsstrukturen in Staat und Wirtschaft geschaffen. Nach Max Weber (1921) stellt bürokratische Herrschaft die reinste Form legaler Herrschaft dar und stützt sich auf bürokratische, regelgebundene Organisationen, in denen Beamte über klar abgegrenzte Aufgabenbereiche und Sanktionsmittel verfügen. Webers Bürokratiemodell ist nicht am faktischen, sondern am optimalen zweckrationalen Handeln orientiert.
Die Trennung von Amt und Person ist ein entscheidendes Kriterium der Bürokratie. Der Bürokrat soll idealtypisch unabhängig vom Ansehen der Person entscheiden.
Ein weiteres wichtiges Kennzeichen der Bürokratie ist die Trennung von Fach- und Ressourcenverantwortung. Der Bürokrat entscheidet unter inhaltlichen Gesichtspunkten. Die Ressourcen werden von einer anderen Ebene zur Verfügung gestellt.
Soziale Einrichtungen, insbesondere die öffentlichen Träger, sind bürokratisch aufgebaut und setzen demokratisch legitimierte Herrschaftsanweisungen um. Allerdings sind diese Strukturen unter ökonomischen Gesichtspunkten nicht besonders effizient. Aktuelle Veränderungsbemühungen (z.B. die Einführung der outputorientierten Steuerung) in der Sozialverwaltung setzen hier an. Zwar sind die neuen Steuerungsansätze effizienter, gleichzeitig stellt sich aber die Frage, wie sie demokratisch legitimiert werden können.

»Bürokratiemodell« (Max Weber)

1.1.2 Soziostruktur

Soziostrukturierte Unternehmen sind personen- und symbolorientiert. Die Organisationsmitglieder orientieren sich an Leitbildern und vorgelebten

Personen- und symbolorientiert

Idealen, und sie verstehen sich als Gruppe mit gemeinsamen Werten und Zielen (Gomez, Zimmermann 1999, 41). Die Arbeitsanweisungen werden durch Normen und Gewohnheiten auf ein Minimum reduziert (Symbolorientierung) und die Führungskräfte passen ihren Aufgabenbereich den persönlichen Fähigkeiten an (Personenorientierung). Rollentheorien, Machtbewusstsein und Motivationskonzepte spielen bei der organisatorischen Gestaltung eine wichtige Rolle. Zu den soziostrukturierten Organisationstheorien gehört z.B. der »human-relations-« und der »human-ressources«-Ansatz.

Die Bedeutung soziostrukturierter Ansätze im Bereich Sozialer Arbeit nimmt zu. Leitbild und Corporative Identity sind Stichworte in der Modernisierungsdiskussion, die den sozialen Bereich erfasst hat und deren Wurzeln, wie schon oben angeführt, ursprünglich im sozialen Sektor selbst liegen und nun im Zuge der »Ökonomisierung des Sozialen« über den Umweg der Betriebswirtschaftslehre auch die Organisationsstrukturen Sozialer Arbeit erfassen.

»Human-relation«
(E. Mayo, J. L. Moreno, K. Lewin,)

Das »human-relation«-Modell stellt die zwischenmenschlichen informellen Beziehungen innerhalb einer Organisation in den Vordergrund. Das Modell entsteht in den 30er Jahren, basierend auf der »Hawthorne Studie«, die 1924 – 1932 bei der amerikanischen Firma Western-Electric-Company durchgeführt worden ist. Sie führt zu dem Ergebnis, dass soziale Normen vorrangig das Leistungsverhalten und das Arbeitsergebnis bestimmen und nicht physiologische Leistungsgrenzen und finanzielle Anreize.

Der »human-relation«-Ansatz betont die informellen Aspekte der Arbeitsorganisation, vor allem die individuellen Bedürfnisse der Mitarbeiter. Arbeitszufriedenheit und Leistung sind durch nichtfinanzielle Anreize wie Anerkennung, Zugehörigkeitsgefühl und Identifikation der Mitarbeiter zu erreichen.

Von dieser Erkenntnis ausgehend, orientiert sich das Personalmanagement am Aufbau von Arbeitsgruppen nach Sympathiebeziehungen, um das Netz informeller Beziehungen zu nutzen, die Arbeitszufriedenheit zu erhöhen und Konflikte zu lösen.

Im sozialen Sektor werden Techniken des »human-relation« auf der Mikroebene bei der Arbeit mit den Klienten (Selbsterfahrung, Gruppendiagnostik) und zur Reflexion sozialer Arbeit (Supervision) eingesetzt. Auf der Mesoebene der Organisation sozialer Einrichtungen erfolgt erst in jüngster Zeit eine Adaption des human-relation-Modells.

»Human-ressources«
(A.H. Maslow, F. Herzberg)

Beim »human-ressources-management« (Ende der 50er Jahre) steht der Mensch im Mittelpunkt des Interesses. Er wird als Unternehmensressource begriffen. Während die »human-relation«-Autoren den Menschen als sozial manipulierbares Gruppenwesen ansehen, beschreiben Vertreter des »human-ressources«-Ansatzes den Menschen, mit einer auf unterschiedlichen Bedürfnissen basierenden Motivationsstruktur. Die Ergebnisse der Arbeiten von A.H. Maslow und F. Herzberg lassen sich mit »Zufriedenheit dank Leistung« zusammenfassen, d.h. die Leistungsbereitschaft wird weniger als das Ergebnis einer erreichten Zufriedenheit angesehen, sondern als Resultat aus der spannungsreichen Differenz zwischen dem gegenwärtigen Zustand und einem erreichbaren zukünftigen Zustand.

Von den Bedürfnissen als Beweggrund menschlichen Handelns lassen sich Beziehungen zum Leistungsverhalten ableiten. Eine günstige Gestaltung des Arbeitsumfeldes (»job-environment«) und des Führungsstils allein genügen nicht für eine hohe Leistungsbereitschaft. Große Bedeutung kommt somit der Persönlichkeitsentfaltung zu (»self-actualization«) (Gomez, Zimmermann, 1999, 53).

Die Personalentwicklungsmaßnahmen des »human-ressources« Ansatzes verabschieden sich von der Vermittlung funktional ausgerichteter Qualifikationen und orientieren sich an der Selbstqualifizierung. Gefordert wird permanentes selbst gesteuertes Lernen. Beispiele hierfür sind das Coaching, die Systemsupervision oder die Lernstatt, die im Zuge von Strukturveränderungen, zurzeit auch im Sozialbereich verstärkt zum Einsatz kommen.

1.1.3 Systemstruktur

Neuere systemstrukturierte Managementansätze (Human-Integration) versuchen, ganze Systeme in ihrer operationalen Geschlossenheit und Koppelung zu erfassen. Wichtige Vertreter sind Parson 1976, Watzlawick 1985, Luhmann 1984, Willke 1989, Probst 1987.

> Grundthese der Systemstruktur ist, dass komplexe Zusammenhänge nicht beschreibbar sind, wenn man die Aufmerksamkeit lediglich auf ein Element richtet, sondern man hat das gesamte System mit seinen Schnittstellen zu berücksichtigen. Ein kausales Ursache-Wirkungsdenken ist zur Beschreibung komplexer Zusammenhänge nicht ausreichend, sondern führt zu Denk- und in der Folge zu Managementfehlern, wie Gomez in der Abb. auf S. 18 deutlich macht:

Im Human-Integration-Ansatz wird versucht, durch ein systemisches Denken solche Denkfehler, wie Gomez sie für den kausalen Ansatz nachgewiesen hat, zu vermeiden.

Ein System besteht nicht nur aus Elementen bzw. Variablen, sondern auch aus deren Beziehungen und den System-Umwelt-Relationen. Die Bedeutung der Interaktion und Kommunikation wird in der Abgrenzung zu einem Nichtsystem deutlich. Vester erläutert, dass eine Müllkippe nicht die Eigenschaften eines Systems besitzt. Ob ich etwas dazufüge, auseinander nehme oder vertausche, verändert den Gesamtcharakter nicht, ». . . es bleibt eine Müllkippe. Ihr fehlt die innere vernetzte Struktur.« (Vester 1993, 18). Anders verhält es sich bei einem System. Dieses ändert mit jedem Eingriff den Charakter und die Beziehung aller Teile zu allen anderen.

Abb. 1: *Überblick über Denkfehler und Lösungsansätze im Umgang mit komplexen Situationen (Gomez 1987, 62)*

Beachte die folgenden Denkfehler im Umgang mit komplexen Situationen! **(Kausaler Ansatz:)**	Folge den Schritten des ganzheitlichen Problemlösens! **(Systemischer Ansatz:)**
1. Denkfehler Probleme sind objektiv gegeben und müssen nur noch klar formuliert werden.	Abgrenzung des Problems Die Situation ist aus verschiedenen Blickwinkeln zu definieren und eine Integration zu einer ganzheitlichen Abgrenzung anzustreben.
2. Denkfehler Jedes Problem ist die direkte Konsequenz einer Ursache.	Ermittlung der Vernetzung Zwischen den Elementen einer Problemsituation sind die Beziehungen zu erfassen und in ihrer Wirkung zu analysieren.
3. Denkfehler Um eine Situation zu verstehen, genügt eine ›Fotografie‹ des Ist-Zustandes.	Erfassung der Dynamik Die zeitlichen Aspekte der einzelnen Beziehungen und einer Situation als Ganzem sind zu ermitteln. Gleichzeitig ist die Bedeutung der Beziehungen im Netzwerk zu erfassen.
4. Denkfehler Verhalten ist prognostizierbar. Notwendig ist nur eine ausreichende Informationsbasis.	Interpretation der Verhaltensmöglichkeiten Künftige Entwicklungspfade sind zu erarbeiten und in ihren Möglichkeiten zu simulieren.
5. Denkfehler Problemsituationen lassen sich ›beherrschen‹, es ist lediglich eine Frage des Aufwands.	Bestimmung der Lenkungsmöglichkeiten Die lenkbaren, nichtlenkbaren und zu überwachenden Aspekte einer Situation sind in einem Lenkungsmodell abzubilden.
6. Denkfehler Ein ›Macher‹ kann jede Problemlösung in der Praxis durchsetzen.	Gestaltung der Lenkungseingriffe Entsprechend systemischer Regeln sind die Lenkungseingriffe so zu bestimmen, dass situationsgerecht und mit optimalem Wirkungsgrad eingegriffen werden kann.
7. Denkfehler Mit der Einführung einer Lösung kann das Problem endgültig ad acta gelegt werden.	Weiterentwicklung der Problemlösung Veränderungen in einer Situation sind in Form lernfähiger Lösungen vorwegzunehmen.

Der Human-Integration- Ansatz geht davon aus, dass Beobachtungen das Resultat der Beobachtung eines Beobachters sind. Beobachter und beobachtete Welt werden bei diesem Ansatz getrennt, um die Rolle des Beobachters stärker zu berücksichtigen. Organisationen werden als autopoietische Systeme verstanden, die miteinander kommunizieren und im Anschluss an Operationen durch eigene Operationen soziale Systeme selbst erzeugen. Der Begriff der Autopoiesis stammt aus der Biologie und wurde von Maturana und Varela (vgl. Maturana/Varela 1987, 50, 54) geprägt. In einem Experiment haben sie die Nervenleitungen zwischen Auge und Gehirn eines Frosches getrennt und wieder neu zusammenwachsen lassen, so dass ein Teil des Gehirns die Umwelt auf dem Kopf stehen sah. Nach kurzer Zeit konnte der Frosch aber wieder richtig sehen. Dies erkannten sie daran, dass er in der Lage war, Fliegen zu fangen. In der Folge kamen sie zur Erkenntnis, dass die Verbindungen von Auge und Gehirn sich selbst organisieren (Autopoiesis), dass also das Gehirn sich aus Informationen eine Umwelt konstruiert, die angepasst ist. Für Maturana und Varela ist folglich Wahrnehmung weniger eine Abbildung der externen Welt, sondern eine Konstruktion des Nervensystems. Lebewesen sind für sie dadurch gekennzeichnet »... dass sie sich buchstäblich andauernd selbst erzeugen« (Maturana/Varela 1987, 50).

Systeme in ihren Wechselwirkungen erfassen

Der Autopoiesisansatz ist von Luhmann (1984) auf soziale Systeme übertragen worden. Soziale Systeme, hierzu gehören auch Organisationen des sozialen Sektors, bestehen aus autopoietischen Einheiten, die sich durch fortgesetzte Perturbation (Störungen) an das jeweilige Milieu anpassen. Die Grenzen der Systeme werden von den Systemen selbst erschaffen und erhalten. Aufgabe der Managements ist es, Systeme in ihren Wechselwirkungen zu erfassen und Machtverhältnisse und Interaktionen in ihrem Zusammenspiel zu erforschen und zu beeinflussen.

> In systemstrukturierten Managementansätzen wird die Vorstellung aufgegeben, Prozesse bis ins Detail steuern zu können, stattdessen werden sie nur beeinflusst. Gruppenarbeit, Teamarbeit, der Aufbau von autonomen Arbeitsgruppen, der Einsatz der Moderationstechniken etc. sind Elemente einer vernetzten komplexen Managementstrategie.

1.1.4 Organisationstheorien und Menschenbilder

Die Organisationstheorien basieren auf unterschiedlichen Menschenbildern, die im Folgenden vorgestellt werden. Es sind lediglich Versuche, die den Organisationsstrukturen zugrunde liegenden Vorstellungen über die Handlungsmotivationen von Menschen zu beschreiben. Selbstverständlich sind und handeln Menschen komplexer und auch in den Organisationen überlappen sich die verschiedenen Menschenbilder.

Technostruktur

»rational-economic-man«
Den technostrukturierten Organisationstheorien liegt das Menschenbild des »rational-economic-man« zugrunde. Dieses Bild geht davon aus, dass Menschen in erster Linie durch monetäre Anreize motiviert werden und passiv sind. Sie werden von der Organisation manipuliert, motiviert und kontrolliert. Das Handeln ist rational. Organisatorische Konsequenzen dieser Theorie sind die klassischen Managementfunktionen: Planen, Organisieren, Motivieren, Kontrollieren. Die Organisation und deren Effizienz stehen im Mittelpunkt. Aufgabe der Organisation ist es, irrationales Verhalten zu neutralisieren und zu kontrollieren. Auch von Sozialarbeitern wird z.B. in bürokratischen Organisationen, oftmals ein Verhalten im Sinne des »rational-economic-man« erwartet.

Soziostruktur

»social-man«
Die »human-relation«-Bewegung geht davon aus, dass als Folge der Sinnentleerung der Arbeitsinhalte, in zwischenmenschlichen Beziehungen am Arbeitsplatz Ersatzbefriedigung gesucht wird. Der »social-man« des »human-relation«-Ansatzes wird in erster Linie durch die Befriedigung sozialer Bedürfnisse motiviert und stärker durch soziale Normen seiner Arbeitsgruppe als durch Anreize und Kontrollen des Vorgesetzten gelenkt. Auf dem Hintergrund dieses Menschenbildes werden in der Organisation Gruppenzugehörigkeiten aufgebaut und gefördert. Es geht um die spezielle Anerkennung der Mitarbeiter durch den Manager und die Gruppe. Die Bedürfnisse nach Anerkennung, Zugehörigkeitsgefühl und Identität müssen befriedigt werden. Gruppenanreizsysteme treten an die Stelle von materiellen Anreizen.

»self-actualizing-man«
Maslow, der herausragende Vertreter des »human-ressources«-Ansatzes, geht davon aus, dass sich menschliche Bedürfnisse in einer Hierarchie anordnen lassen. Der Mensch strebt nach Autonomie und bevorzugt Selbstmotivation und Selbstkontrolle. Es gibt keinen zwangsläufigen Konflikt zwischen Selbstverwirklichung und organisatorischer Zielerreichung.
Dieser Ansatz fordert von Vorgesetzten Unterstützungs- und Förderungstätigkeiten. Entscheidungen müssen weitgehend delegiert werden. Statt mit Amtsautorität wird mit Fachautorität geführt. Gefordert wird der Übergang von extrinsischer zu intrinsischer Motivation.
Im Zuge der aktuellen Veränderungen bei öffentlichen und freien Trägern Sozialer Arbeit z.B. durch die Aufhebung der Trennung von Fach- und Ressourcenverantwortung (Neues Steuerungsmodell) oder der Qualitätssicherungs- und Evaluationsdiskussion, werden auch von Sozialarbeitern und Sozialpädagogen verstärkt intrinsische Motivationen im Sinne des »self-actualizing-man« und vom Personalmanagement die entsprechenden Unterstützungsleistungen erwartet.

Systemstruktur

Für Vertreter des »human-integration«-Ansatzes ist der Mensch äußerst wandlungsfähig. Seine Bedürfnisse verändern sich und der Mensch ist lernfähig. Dieser Ansatz fordert vom Vorgesetzten die Fähigkeit, Situationen diagnostizieren zu können. Er muss Unterschiede seiner Mitarbeiter erkennen, um das eigene Verhalten situationsgemäß variieren zu können. Organisationsentwicklungsprozesse, die im Zuge des Umbaus des Sozialstaates zurzeit bei öffentlichen und freien Trägern sozialer Arbeit erfolgen, fordern vom Personalmanagement mit den vorhandenen personellen Strukturen Veränderungen einzuleiten, zu unterstützen und Menschen auf neue Aufgabenfelder vorzubereiten. Hierzu gehören auch die »Trauerarbeit« beim Abschied von nicht mehr passungsfähigen Mustern und das Coaching, um auf neue Anforderungen vorzubereiten. Gefordert werden lernende Menschen in lernenden Organisationen, die in der Lage sind »Störungen« als Anlass für Lernprozesse zu sehen und neue passungsfähige Strukturen und Verhaltensweisen zu generieren.

»complex-man«

E.H. Schein (1980) entwickelt vier Hypothesen in Bezug auf die vom Menschenbild abhängigen organisatorischen Konsequenzen. Er beschreibt Organisations-, bzw. Führungsaktivitäten, die den einzelnen Menschenbildern entsprechen.

Abb. 2: Organisatorische Konsequenzen unterschiedlicher Menschenbilder (Schein 1980, 50 ff., zit. in Staehle 1999, 194, 195 (mit kleinen Änderungen entnommen))

Menschenbild	Organisatorische Konsequenzen für das Personalmanagement
»rational-economic-man«	Klassische Management-Funktionen: Planen, Organisieren, Motivieren, Kontrollieren; Organisation und deren Effizienz stehen im Mittelpunkt; Organisation hat die Aufgabe, irrationales Verhalten zu neutralisieren und zu kontrollieren.
»social-man«	Aufbau und Förderung von Gruppen; soziale Anerkennung der Mitarbeiter durch Manager und Gruppe; die Bedürfnisse nach Anerkennung, Zugehörigkeitsgefühl und Identität müssen befriedigt werden; Gruppenanreizsysteme treten an die Stelle von individuellen Anreizsystemen.
»self-actualizing-man«	Manager sind Unterstützer und Förderer (nicht Motivierer und Kontrolleure); Delegation von Entscheidungen; Übergang von Amts-Autorität zur Fach-Autorität; Übergang von extrinsischer Motivation zu intrinsischer Motivation; Mitbestimmung am Arbeitsplatz.
»complex-man«	Manager sind Diagnostiker von Situationen; sie müssen Unterschiede erkennen und Verhalten situationsgemäß variieren können; es gibt generell keine richtige Organisation.

1.2 Fazit

Die Abbildung auf S. 23 fasst die unterschiedlichen Organisationstheorien des 20. und 21.Jahrhunderts mit dem zugrunde liegenden Menschenbildern noch einmal anschaulich zusammen.

Vor dem Hintergrund der vorgestellten Organisationstheorien wird deutlich, dass es kein »richtiges« Personalmanagement gibt, wohl aber, um mit Glasersfeld zu sprechen, »passende« Ansätze. Es geht um das Erkennen eines situationsgerechten Führens oder darum, welches Führungsverhalten in einem sich verändernden System gerade passend ist.

Ich möchte hier den Begriff der Koevolution einführen (Kolhoff 1998, 398 – 405). Wie in der Paar- oder Familientherapie ist auch im System Sozialer Arbeit, das als operational geschlossenes Funktionssystem in der Gesellschaft bezeichnet werden kann, das gemeinsame Entwickeln von Zielen und Vorgehensweisen der eigentliche Inhalt von Veränderungsprozessen.

Wenn z.B. in einem Landkreis im Jugendamt die input-orientierte Steuerung, also die Steuerung über klassische Haushaltstitel, beibehalten wird, bedeutet das für Verhandlungen mit dem Jugendamt, dass auf dem klassischen Wege mit der Verwaltung und in den Ausschüssen Haushaltstitel geschaffen werden müssen. Sozialmanager müssen also in erster Linie politisch-administrativ handeln.

Falls man nun aber mit einem Jugendamt arbeitet, das eine output-orientierte Steuerung eingeführt hat, sind andere Anforderungen von Nöten, z.B. die Berücksichtigung von Ziel- und Controlling-Fragen. Die finanzielle Ebene spielt hier eine weitaus größere Rolle als bei der input-orientierten Steuerung. Da hier Fach- und Ressourcenverantwortung zusammengelegt wurden, haben auch die Verhandlungen mit der Verwaltung einen anderen Charakter als bei der input-orientierten Steuerung. Der Sozialmanager muss wirtschaftspolitische wie auch fachorientierte Ziele miteinander verbinden können.

In sich schnell verändernden Situationen einer Organisation sind Menschen gefragt, die im Sinne des »complex-man« Veränderungen lokalisieren können und passungsfähig handeln. Auch das Personalmanagement muss sich am Handlungsfeld orientieren und Menschen befähigen, sich in einer veränderten Situation flexibel zu verhalten. Vom Personalmanager in sozialen Einrichtungen wird bezüglich des Einsatzes organisationstheoretischer Erkenntnisse eine hohe Fach-, Sozial- und Methodenkompetenz erwartet.

Fachkompetenz:	Kenntnis der Organisationstheorien, Führungsmodelle, -stile, -techniken
Methodenkompetenz:	passungsfähiges, flexibles, variables Verhalten in der Umsetzung von Entscheidungen
Sozialkompetenz:	Kenntnis der Menschenbilder und flexibles, empathisches Verhalten in der zwischenmenschlichen Kommunikation

Ansätze der Organisationstheorien

	1900	1930	1940	1960	1970	1990
Ansatz	Mechanistisch-physiologischer Ansatz Scientific Management Taylorismus, Fordismus	Bürokratisch-administrativer Ansatz Bürokratische Variante Administrative Variante	Motivationsorientierter Ansatz Human Relations Variante Motivationstheoretische Variante	Entscheidungsorientierter Ansatz Mathematische Variante Verhaltenswissenschaftliche Variante		Systemtheoretischer Ansatz Organisationssoziologische Variante Systemtheoretisch-kybernetische Variante Integrierendes Konzept des soziotechnischen Systems
Hauptvertreter (Begründer)	Taylor, Gilbreth, Ford	Weber, Fayol, Urwick	Mayo, Maslow, McGregor Herzberg, Likert	Marschak, Radner, Barnard		Parsons, Etzioni, Beer, Ulrich, Probst, Gomez
Entwicklungstendenzen des allgemeinen Beziehungsrahmens	Mechanisierung und Massenproduktion niedriges Ausbildungsniveau Löhne als Existenzminimum	Wachsen des Verwaltungsapparates steigendes Lohnniveau Prestige- und Aufstiegsdenken	Zunehmender Anteil an Problemlösungsaufgaben Steigendes Ausbildungsniveau Steigendes Motivationsniveau, vor allem in Bezug auf soziale Bedürfnisse im Sinne Maslows	Automation EDV, Systemtechnik Zunehmende Dynamik und Komplexität von Systemen und Umwelt steigender Professionalisierungsgrad Wohlstandsgesellschaft Vorherrschen höherer Motivationsschichten Selbstverwirklichung im Sinne Maslows		
Menschenbild	Mechanistischer Mensch »rational-conomic-man«		Sozial motivierter Mensch »Social man«	Rationaler Mensch »Administrative man«		Komplexer Mensch »Complex man«

Das Personalmanagement ist in seiner inhaltlichen Ausrichtung nicht nur von den Organisationstheorien abhängig, nach denen ein Betrieb strukturiert ist, sondern vor allem auch von dem Wechselspiel der drei oben angeführten Kompetenzen, die auf eine Verhaltenssteuerung der in den Organisationen arbeitenden Menschen ausgerichtet ist, um eine möglichst große Effizienz zu erzielen. Ziel ist eine hohe ressourcenorientierte Effizienz gepaart mit einer größtmöglichen Zufriedenheit der Mitarbeiter und im sozialen Bereich besonders auch der Nutzer von sozialen Einrichtungen.

Fragen zu Kapitel 1:

1. Wie unterscheiden sich techno-, von sozio- und systemstrukturierten Organisationstheorien?
2. Welcher erkenntnistheoretische Ansatz liegt den technostrukturierten Organisationsmodellen zugrunde?
3. Wer begründete das »Administrative Management«-Modell?
4. Wer begründete das »Bürokratiemodell«, und was sind charakteristische Merkmale dieses Modells?
5. Wie unterscheiden sich sozio- von technostrukturierten Organisationsansätzen?
6. Welche Organisationstheorien gehören z.B. zu der Soziostruktur?
7. Was ist die Grundthese systemstrukturierter Organisationsmodelle?
8. Welche Menschenbilder liegen den techno-, sozio- und systemstrukturierten Theorien zugrunde?

2 Personalmanagement im Sinne einer Verhaltenssteuerung (L. Kolhoff)

Menschliches Verhalten ist nicht plan- oder berechenbar, auch wenn Personalmanager dies sich gerne wünschen würden, weil ihre Arbeit dann leichter daherkäme, wie der folgende Textauszug verdeutlicht.

Human-Ressources-Management

> *In einem eigens angesetzten »Gesprächsforum« der Träger regionaler Sozialeinrichtungen und Wohlfahrtsverbände beklagen sich Führungskräfte über die Mitarbeiter: »Diese Ansprüche . . . früher haben wir noch aus Idealismus gearbeitet«, meinte der Leiter eines Altenheimes, Paul Ehrlich. Ein Vertreter des Krankenhauses, Peter Zinke: »Es hat sich die Einstellung zur Arbeit geändert. Die wollen keine Nachtschicht mehr machen. Ich kann meine Dienstpläne noch so gut machen, wie ich will, die haben immer etwas zu meckern. Schließlich kann doch keiner außer mir so einen komplizierten Plan erstellen.« Eine jüngere Führungskraft, Achim Seger von der Sozialstation meinte: »Die Menschen haben sich halt geändert, sie haben heute andere Bedingungen für ihre Leistungsbereitschaft. Sie wollen ›Freiheit und Flexibilität‹ auch im Arbeitsalltag verwirklicht sehen.« »O weh, was heißt das denn«, meinte Peter Zinke. »Unsere Mitarbeiter haben auch ein anderes Selbstwertgefühl – nicht mehr so einheitlich wie früher. Es gibt solche und solche.« Achim Seger: »Wen wundert das bei diesen Arbeitsbedingungen und dem ›kalten Klima‹ hier in unserer ›Verwaltungsfabrik‹! Da bleibt kaum Gelegenheit für ›Beziehungsbotschaften‹. Ob wir unter solchen Bedingungen unsere ›Führungskräfte-Lücke‹ in Zukunft schließen können und erst recht ausreichend und auch noch qualifizierte Mitarbeiter finden können, bleibt höchst fraglich. Wir müssen unser Personalkonzept und unsere Arbeitsbedingungen grundlegend ändern und den neuen Gegebenheiten anpassen.«* (Decker 1992, 238.)

Wie in Kapitel 1 aufgezeigt und in diesem Gesprächsauszug herauszuhören, wird Personalmanagement immer mehr als Human-Ressources-Management, also als Management der menschlichen Ressourcen eines Unternehmens im Sinne einer Verhaltenssteuerung verstanden und nicht mehr bürokratisch oder an technischen Maschinenmodellen orientiert begriffen.

Zu beachten sind dabei Veränderungen in den Wertehaltungen der Sozialwirtschaft, der Mitarbeiter, der inhaltlichen Aufgaben wie auch gesamtgesellschaftlicher Veränderungen.

2.1 Wertewandel und Auswirkungen auf das Personalmanagement

Von materialistischen zu postmaterialistischen Werten

Werte haben eine verhaltensbeeinflussende und legitimierende Funktion und sind als Vorstellungen oder Leitlinien für das Wünschbare zu verstehen (Wunderer 2003, 177). Es sind Auffassungen, »die ein Individuum oder eine Gruppe vom Wünschbaren hegt, und welche die Wahl möglicher Verhaltensweisen, Handlungsalternativen und -ziele beeinflusst« (Kluckholm 1951, 395, zit. in Staehle 1999, 172).

Werte wie Sparsamkeit und Fleiß oder Arbeit als Berufung, Pünktlichkeit, Sittsamkeit und Anstand oder das Zurückstellen kurzfristiger Bedürfnisse zugunsten langfristiger Planung und eines gediegenen Aufbaus galten vormals als typisch deutsche Tugenden. Sie entwickelten sich in Zeiten des Mangels und waren für den »Wiederaufbau« nach den beiden Weltkriegen dringend notwendig. Heute jedoch prägen Werte wie Selbstentfaltung und -verwirklichung, Lebensgenuss, Arbeit als Job und eine geringere Bereitschaft zur Unterordnung.

Inglehardt konstatiert für westliche Industriestaaten einen Wandel von materialistischen Werten wie: Aufrechterhalten der Ordnung, Kampf gegen Inflation, Wirtschaftswachstum, starke Armee, stabile Wirtschaft, Verbrechensbekämpfung, zu postmaterialistischen Werten wie: Mitsprache in der Politik, Schutz der Redefreiheit, mehr Mitspracherecht am Arbeitsplatz, schönere Städte und Landschaften, eine humanere Gesellschaft, eine Gesellschaft, in der Ideen zählen« (Inglehardt 1998, 173). Propagiert werden Teamarbeit, die Betonung von eigenen Interessen, die Emanzipation der Frau, eine Orientierung an Freizeit und Freiheit und ein entwickeltes Gesundheitsbewusstsein.

Wir beobachten einen Wandel von einer puritanischen zu einer kommunikativen Arbeitsmoral, die zurzeit verschiedene Mitarbeitertypen in ein und derselben Organisation hervorbringt, wie die Abbildung auf S. 27 zeigt.

Aus der sich verändernden Arbeitsmoral der Mitarbeiter ergeben sich Konsequenzen für das Personalmanagement in sozialen Einrichtungen. Statt klassischer Leitungstätigkeiten, wie Befehl und Anweisung, wird das Führen im engeren Sinne eingefordert, wie z.B. Anleitung von Gruppenarbeit, Stärkung der Motivation und Zielanimation. Statt der Amtsautorität ist die Persönlichkeitsautorität gefragt, die die Vorgesetztenfunktion durch die Katalysatorfunktion ersetzt. Um erfolgreich führen zu können, ist es notwendig, die Eigenmotivation (intrinsische Motivation) der Mitarbeiter zu erkennen und zu erhalten. Ein intrinsisch motivierter Mitarbeiter geht einer Arbeit nach, die mit seinem eigenen Wertekontext übereinstimmt. Die Arbeit hat Belohnungscharakter, wobei die Belohnung nicht von außen kommt, sondern selbst gewählt ist (vgl. Decker 1992, 241).

Man kann diese Verhaltensveränderung im Personalmanagement auch mit dem Motto

Abb. 3: Zwei-Komponenten-Struktur der Arbeitsmoral (Decker 1992, 251)

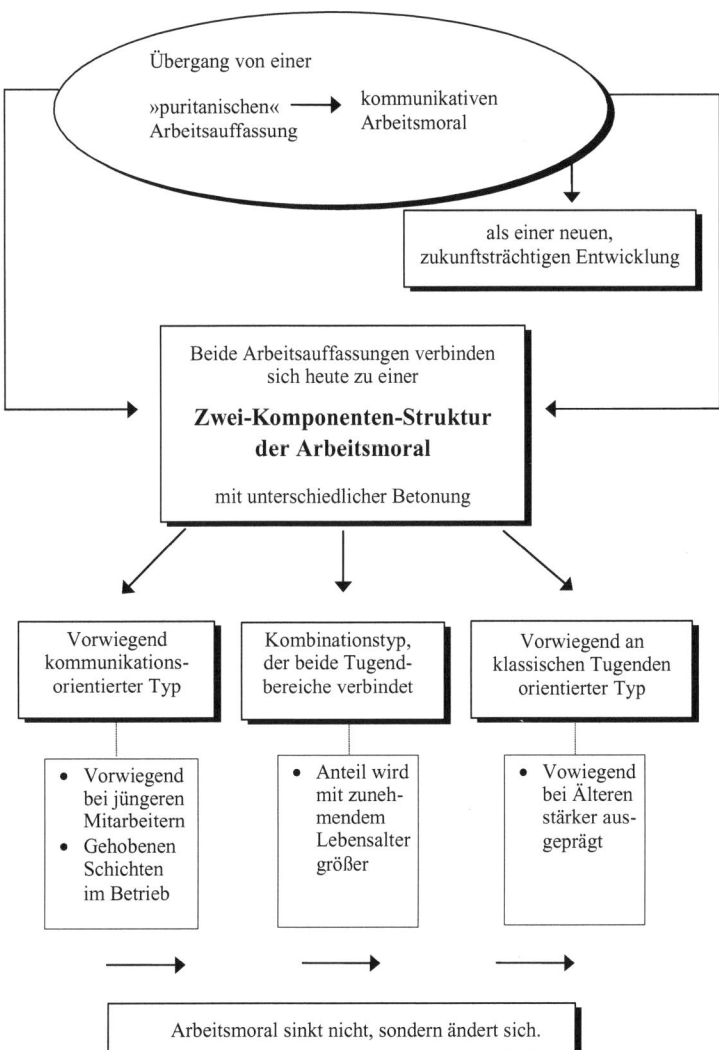

»**Vom Leiten zum Führen**« (Decker 1992, 30) umschreiben:

Leiten (im traditionellen Verständnis) • Hierarchische Position • Anweisungs- und Befehlsbefugnis • Amtsautorität • Vorgesetzenfunktion	Führen (im engeren Sinne) • Arbeit in der Gruppe • Motivationskraft • Zielanimation • Zusammenarbeit • Prozessbegleiter • Persönlichkeitsautorität • Katalysatorfunktion
Führen im weiteren Sinne Optimale Aufgabengestaltung und -erledigung	

Eine solche Führungspersönlichkeit bedarf, wie schon weiter oben erwähnt wurde, einer hohen Fach-, Sozial- und Methodenkompetenz, die in den folgenden Kapiteln unter den Begriffen Führungsmodelle (Fachkompetenz), -stile (Sozial- oder Persönlichkeitskompetenz) und Führungstechniken (Methodenkompetenz) näher erläutert werden. Erst ein Zusammenwirken aller drei Kompetenzen ermöglicht eine Handlungskompetenz im engeren Sinne des modern verstandenen Führens.

2.2 Personalführung

Bei der Personalführung geht es um die direkte personale Beeinflussung des Verhaltens der Mitarbeiter. Hierzu kann man Anreize einsetzen wie z.B. Gehaltszulagen, Zusatzurlaub, Delegation von Verantwortung (vgl. Staehle 1999, 838).

In der Literatur zum Personalmanagement werden die Begriffe zu Führungsstilen, -modellen, -verhaltensansätzen, -techniken nicht einheitlich gebraucht. Daher habe ich im Folgenden versucht, eine Strukturierung vorzunehmen, die hoffentlich einen Überblick möglich macht.

- Führungsmodelle beinhalten alle Elemente, die an einem Führungsprozess beteiligt sind: Umwelt und Situation, Mitarbeiter, Führungspersonen und Aufgaben. Bei den Führungsmodellen spielen selbstverständlich die spezifischen Führungsstile eine Rolle *(Fachkompetenz)*.
- Unter Führungsstilen werden nur solche Eigenschaften vorgestellt, die direkt mit einer führenden Person in Zusammenhang stehen *(Sozial-/Personalkompetenz)*.
- Unter Führungstechniken verstehe ich die Anwendungen von Regeln, so weit es möglich ist, unabhängig von der Situation oder der Person *(Methodenkompetenz)*.

2.2.1 Führungsmodelle

Führungsmodelle versuchen ganzheitlich, die verschiedenen Faktoren und Elemente, die ein Führungsverhalten beeinflussen, zu berücksichtigen und in eine Theorie zu bringen, die das Entscheidungsverhalten mit strukturieren hilft.

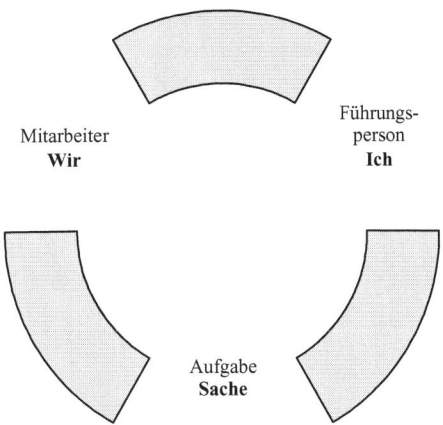

Führungsmodelle können wie die Organisationstheorien je nach Zugang unterschieden werden, z.B. kontingenztheoretisch (Technostruktur), motivationstheoretisch (Soziostruktur), entscheidungstheoretisch, (Systemstruktur).

Führungsmodelle	Organisationstheorie	Vertreter
Kontingenztheoretisch	Technostruktur	Fiedler
Motivationstheoretisch	Soziostruktur	Maslow, Vromm
Entscheidungs-theoretisch	Systemstruktur	Malik, Cohen/March/Olsen

2.2.1.1 *Kontingenztheoretische Modelle*[3]

Der Begriff Kontingenz stammt vom lat. contingere = sich ereignen und bezeichnet die gleichzeitige und aufeinander folgende Wahrnehmung zweier Reize. Der Begriffe wird auch benutzt um Abhängigkeiten und Bezüge zu kennzeichnen

Übereinstimmung von Führungsstil und Situation

Das bekannteste kontingenztheoretische Modell des Personalmanagements ist von **Fiedler** entwickelt worden und beschreibt eher technokratisch die Abhängigkeit zwischen Führungsstil, Führungssituation und den erzielten Ergebnissen.

---

[3] Das Kapitel 2.2.1.1 ist mit kleinen Änderungen Kolhoff 2003, 51-56 entnommen.

Fiedler geht davon aus, dass der Führungsstil eines Managers wenig veränderbar ist. Eine Übereinstimmung zwischen Führungsstil und Situation kann seiner Ansicht nach nur durch eine Veränderung der Situation oder Austauschen des Führers erfolgen.
Er geht davon aus, dass es eine Kontingenz zwischen Führungssituationen und den erzielten Ergebnissen gibt.
Er hat hierbei die folgenden drei Variablen-Gruppen untersucht (Hentze 1997, 314):
1. Günstigkeit der Führungssituation,
2. Aufgaben- oder beziehungsorientierter Führungsstil,
3. Arbeitsleistung.

1. Variablengruppe: Günstigkeit der Führungssituation

Die Günstigkeit der Führungssituation, wird anhand der drei Ebenen
- Führer-Geführten-Beziehung,
- Strukturierung der Aufgabensituation und
- Positionsmacht der Führungsperson analysiert.

In einem ersten Schritt wird das Verhältnis zwischen Führern und Geführten untersucht. Die Führer-Geführten Beziehungen werden anhand von acht Items analysiert, die Vorgesetzte bewerten sollen. Der Bereich Führer-Geführten-Beziehung wird mit den Kategorien gut und schlecht bewertet.

Aspekte zur Analyse der Führer – Geführtenbeziehung
(Kategorie: gut/schlecht)

1. Meine Untergebenen kommen sehr gut miteinander aus.
2. Meine Untergebenen sind zuverlässig und vertrauenswürdig.
3. Unter meinen Untergebenen scheint eine freundliche Atmosphäre vorzuherrschen.
4. Meine Untergebenen sind bei der Zusammenarbeit mit mir stets kooperativ.
5. Zwischen meinen Untergebenen und mir gibt es gewisse Reibungsflächen (Spannungen).
6. Meine Untergebenen leisten echte Hilfe und Unterstützung bei der Arbeit.
7. Meine Untergebenen kooperieren miteinander bei der Arbeit.
8. Meine Beziehungen zu den Untergebenen sind in Ordnung.

(Quelle: Hentze 1997, 315)

In einem zweiten Schritt wird analysiert, wie strukturiert die Aufgabensituation ist. Hierfür werden den Führungskräften die folgenden Fragen gestellt:

2.2 Personalführung

Fragen zur Aufgabensituation (Kategorien: strukturiert/unstrukturiert)
Ist das Ziel eindeutig und bekannt?
1. Ist eine Skizze, ein Bild, ein Modell oder eine detaillierte Beschreibung des fertigen Produkts oder der Dienstleistung erhältlich?
2. Gibt es einen Berater, der über das fertige Produkt bzw. die Dienstleistung oder die Arbeitsweise Auskunft geben kann?

Gibt es ein mögliches Vorgehen bei der Aufgabenerfüllung?

3. Besteht ein Schritt-für-Schritt-Schema oder ein standardisiertes Verfahren, das den Verlauf der Arbeit detailliert vorschreibt?
4. Wird die Aufgabe nach einer vorbestimmten Methode in Teilaufgaben oder Schritte gegliedert?
5. Werden bestimmte Methoden zur Aufgabenerfüllung eindeutig als überlegen angesehen?

Gibt es eine richtige Antwort oder Lösung?

6. Ist eindeutig erkennbar, wann die Aufgabe erfüllt und die richtige Lösung gefunden ist?
7. Gibt es ein Buch, ein Handbuch oder eine Arbeitsbeschreibung, die auf die beste Lösung oder das beste Ergebnis der Aufgabe hinweist?

Ist leicht zu beurteilen, ob die Aufgabe richtig durchgeführt wurde?

8. Besteht ein allgemein bekanntes Einverständnis darüber, nach welchen Kriterien das Produkt oder die Dienstleistung beurteilt wird?
9. Wird meist anhand quantitativer Maßstäbe beurteilt?
10. Wird dem Vorgesetzten und der Gruppe das Ergebnis der Beurteilung so schnell mitgeteilt, dass die zukünftige Arbeit dadurch verbessert werden kann? (Quelle: Hentze 1997, 316)

In einem dritten Schritt wird untersucht, wie stark die formale Autorität oder Positionsmacht der Führungsperson ist.

Fragen zur Analyse der formalen Autorität oder Positionsmacht
(Kategorien: stark/schwach)
1. Kann der Vorgesetzte seinen Untergebenen direkt oder auf dem Verfügungsweg Belohnung erteilen und Strafen verhängen?
2. Kann der Vorgesetzte direkt oder auf dem Empfehlungsweg die Beförderung, Rückversetzung, Einstellung oder Entlassung seiner Untergebenen erwirken?
3. Verfügt der Vorgesetzte über alle notwendigen Kenntnisse zur Aufgabenverteilung und zur Instruktion der Untergebenen?
4. Ist es Aufgabe des Vorgesetzten, die Leistungen seiner Untergebenen zu beurteilen?
5. Wurde dem Vorgesetzten durch die Organisation ein offizieller mit Autorität verbundener Titel verliehen (z.B. Vorarbeiter, Abteilungsleiter usw.)?

(Quelle: Hentze 1997, 317)

Mit Fiedler (1995) wird bei der Bestimmung der Günstigkeit der Führungssituation der Führer-Geführten-Beziehung der höchste Stellenwert eingeräumt, da gute Führer auch bei unstrukturierten Aufgaben mit geringer Positionsmacht ihre Ziele erreichen können. Der Bereich Aufgabenkriterium steht an zweiter Stelle, da gut strukturierte Aufgaben keine hohe Positionsmacht benötigen.

Während die Bereiche Aufgabenstruktur und Positionsmacht durch die Organisation festgelegt werden, ist der Bereich der Führer-Geführten-Beziehung von der Person des Führenden abhängig.

Die Führer-Geführtenbeziehung, die Strukturierung des Aufgabenfeldes und die formale Autorität oder Positionsmacht determinieren die Günstigkeit der Führungssituation. Wenn die Beziehungen zwischen Führer und Geführten gut sind, die Aufgaben strukturiert und die Positionsmacht hoch ist, dann ist die Situation am günstigsten für das Unternehmen/die Organisation.

2. Variablengruppe: aufgaben- oder beziehungsorientierter Führungsstil

Zur Untersuchung des Führungsstils dient die *LPC* (Least Prefered Coworker) Scala. Der Least Prefered Coworker ist der Mitarbeiter, der am wenigsten geschätzt ist. Mit dieser Skala wird gemessen, inwieweit der Führende diesen am wenigsten geschätzten Mitarbeiter noch relativ wohlwollend beschreibt.

Hierzu wird folgende Frage gestellt:
»Denken Sie an einen Mitarbeiter, mit dem Sie am schlechtesten zusammenarbeiten konnten, mit dem Sie bei der Erledigung der Sachaufgaben die größten Schwierigkeiten hatten«.

Auf einer Skala von 18 Adjektiven wird dieser am wenigsten geschätzte Mitarbeiter beschrieben.

1.	angenehm	87654321	unangenehm
2.	zurückweisend	12345678	entgegenkommend
3.	freundlich	87654321	unfreundlich
4.	gespannt	12345678	entspannt
5.	distanziert	87654321	persönlich
6.	kalt	12345678	warm
7.	unterstützend	87654321	feindselig
8.	langweilig	12345678	interessant
9.	streitsüchtig	87654321	ausgleichend
10.	verdrießlich	12345678	heiter
11.	offen	87654321	verschlossen
12.	verleumderisch	12345678	loyal
13.	unzuverlässig	87654321	zuverlässig
14.	rücksichtslos	12345678	rücksichtsvoll
15.	widerlich	87654321	nett

16.	akzeptabel	12345678	nicht akzeptabel
17.	unaufrichtig	87654321	aufrichtig
18.	gefällig	12345678	nicht gefällig

(Fiedler 1995, 943)

Die Punkte werden aufsummiert. Wenn der am wenigsten geschätzte Mitarbeiter relativ negativ beurteilt wird, ergibt sich eine niedriger LPC-Wert (aufgabenorientiert). Dieser Wert weist auf einen Führer hin, der sich von diesem Mitarbeiter eher trennen wird, als derjenige der einen hohen LPC-Wert (beziehungsorientiert) erreicht und diesen Mitarbeiter eher halten wird. Also stellt diese Skala den Versuch dar zu eruieren, inwieweit die Führungskraft sich nur an den Ergebnissen oder unabhängig hiervon an der Person der Mitarbeiter orientiert.

hoher LPC-Wert= beziehungsorientierter Führungsstil (Der am wenigsten geschätzte Mitarbeiter wird positiv bewertet.)

beziehungsorientierter Führungsstil = interaktionsorientiert

niedriger LPC-Wert= aufgabenorientierter Führungsstil (Der am wenigsten geschätzte Mitarbeiter wird negativ bewertet.)

Während der aufgabenorientierte Führungsstil (task orientated leadership style) *leistungsorientiert* ist, ist der beziehungsorientierte Führungsstil (relationship orientated leadership style) *interaktionsorientiert* und versucht das Bedürfnis nach guten menschlichen Beziehung zwischen Führer und Geführten zu befriedigen.

aufgabenorientierter Führungsstil = leistungsorientiert

3. Variablengruppe: Arbeitsleistung

In einer dritten Variablen-Gruppe wird die Arbeitsleistung anhand der primären Aufgabenerfüllung im Sinne der *Ergebnisqualität* bewertet. Gemessen werden Vermittlungsquoten, Zeiten, Rückfallquoten, Klientenzufriedenheit, Ressourcenbeschaffung etc..

4. Kontingenz

Nach Fiedler gibt es eine *Kontingenz* zwischen diesen drei Variablen-Gruppen, also der Günstigkeit der Führungssituation, dem Führungsstil und dem Leistungsergebnis.

Kontingenz zwischen Führungssituation, Führungsstil und Leistungsergebnis

Fiedler ist zu dem Ergebnis gekommen, dass aufgabenorientierte Führer dann zu guten Ergebnissen kommen, wenn die Situation sehr günstig oder sehr ungünstig ist, und beziehungsorientierte Führer oft dann effektiv sind, wenn die Situation eine mittlere Günstigkeit aufweist.

In günstigen Situationen ist die Aufgabe klar. Der aufgabenorientierte Vorgesetzte kümmert sich auch um die Bedürfnisse der Mitarbeiter. In der Folge ist das Arbeitsklima gut, und die Leistung steigt. Der beziehungsorientierte Vorgesetzte hat in dieser Situation gar keine Aufgabe. Vielleicht wird er gar als störend empfunden (*Hentze* 1997).

Auch in ungünstigen Situationen (schlechte Beziehung, unstrukturierte Aufgaben und geringe Positionsmacht) konzentriert sich der aufgabenorientierte Vorgesetzte auf die Durchführung von Zielen. Er plant, organisiert und mahnt zur Leistung. Auch hier versagt nach Fiedler der beziehungsorientierte Vorgesetzte, da dieser sich um die Mitarbeiter kümmert und die ungünstige Situation nicht meistern kann.

Anders sieht es bei Aufgaben mit mittlerer Günstigkeit aus (die Aufgabe ist strukturiert, der Vorgesetzte aber unbeliebt). Hier ist mehr Diplomatie bestimmend. Wenn die Aufgaben unstrukturiert sind und die Führungsperson beliebt ist, muss der komplizierte Aufgabenbereich mit der Gruppe koordiniert werden. Hierfür ist der beziehungsorientierte Vorgesetzte besser geeignet, denn er lässt die Mitarbeiter mitwirken, während der aufgabenorientierte Vorgesetzte die Gruppe eher behindern würde.

Führungs-situation Führertyp	Günstige Führungs-situation	mittlere Günstigkeit der Führungssituation	ungünstige Führungs-situation
Beziehungs-orientiert (hoher LPC-Wert)	Verhalten etwas egozentrisch, anscheinend mit der Aufgabe befasst, Leistung schwach	Verhalten rücksichtsvoll, offen und teilnehmend, Leistung gut	Verhalten ängstlich, zurückhaltend, übermäßig mit zwischenmenschlichen Beziehungen befasst, Leistung schwach
Aufgaben-orientiert (niedriger LPC-Wert)	Verhalten hilfreich, Leistung gut	Verhalten zurückhaltend, auf die Aufgabe konzentriert, Leistung schwach	Verhalten richtungweisend, auf die Aufgabe konzentriert, ernst, Leistung relativ gut

Die Situation an den Führungsstil anpassen

Nach Fiedler ist der Führungsstil einer Persönlichkeit stabil und nur schwer veränderbar, deshalb muss die Führungsperson die Situation an ihren Führungsstil anpassen.

In der Vergangenheit war der soziale Sektor durch Führungssituationen gekennzeichnet, die oftmals eine mittlere Günstigkeit aufwiesen. Folglich waren beziehungsorientierte Führungspersönlichkeiten, die einen hohen LPC-Wert aufweisen, besonders erfolgreich. Dies hat sich in jüngster Zeit geändert. Die Führungssituationen werden im Zuge der Ökonomisierung des Sozialen ungünstiger. Orientiert man sich an *Fiedlers* Modell, bedeutet dies, dass aufgabenorientierte Führungskräfte, die einen niedrigen LPC-Wert aufweisen, zum Zuge kommen sollten, da sie in ungünstigen Situationen bessere Leistungsergebnisse erbringen können.

In ungünstigen Situationen gilt also, je klarer die Anweisungen desto motivierter sind die Mitarbeiter.

2.2 Personalführung

2.2.1.2 Motivationstheoretische Modelle

> *Wenn Du ein Schiff bauen willst, fang nicht an, Holz zusammenzutragen, Bretter zu schneiden und Arbeit zu verteilen, sondern wecke in den Männern die Sehnsucht nach dem großen, weiten Meer.*
> *(Antoine de Saint-Exupéry)*

Unter Motiven versteht man allgemein einen Beweggrund menschlichen Handelns und unter Motivation einen »Zustand des inneren »Angetriebenseins« einer Person« (Wunderer 2003, 105). Es geht um das Warum, nicht um das Wie des Handelns.

Motiv: Warum tue ich etwas

Wie jemand handelt, ist mit Methoden der empirischen Sozialforschung, bspw. durch Beobachtungen zu erfassen, doch warum ein Mensch handelt, was ihn antreibt und bewegt, das lässt sich nur selten beobachten oder durch Experimente herausfinden. Hier muss interpretiert werden. Dabei ergeben sich natürliche Grenzen, denn jede Interpretation erfolgt auf dem Hintergrund des Weltbildes der interpretierenden Person.

Die Aussagekraft der motivationstheoretischen Ansätze (Soziostruktur), die im Folgenden vorgestellt werden, ist deshalb begrenzt. Oftmals wissen wir selbst nicht genau, was uns eigentlich motiviert hat und warum wir etwas tun oder getan haben, wie wollen wir dann sicher beurteilen, was andere antreibt und motiviert. Es ist deshalb eine Herausforderung für das Personalmanagement, Motive und Bedürfnisse von Mitarbeitern wahrzunehmen und auf bewusste und unbewusste Motive der Mitarbeiter so zu reagieren, dass die Ziele des Unternehmens möglichst effektiv erreicht werden.

In diesem Kontext stellen sich drei Fragen:

1. **Was motiviert einen Menschen, in ein Unternehmen des sozialen Sektors einzutreten und zu bleiben (Teilnahmeentscheidung)?**

Hier unterscheidet sich die Motivation von Menschen, die im sozialen Sektor tätig sind, oftmals von der Motivation von Menschen die in der Erwerbswirtschaft arbeiten. Denn viele Mitarbeiter des sozialen Sektors haben ihre Teilnahmeentscheidung gefällt, um Menschen in Not zu helfen. Hierauf gilt es zu achten, wenn man die zweite Motivationsfrage beantworten will:

2. **Was motiviert einen Mitarbeiter sich anzustrengen und mehr als Dienst nach Vorschrift zu leisten (Leistungsentscheidung)?**

Da für viele Mitarbeiter im sozialen Sektor die Arbeitsinhalte entscheidende Motivationskriterien sind, werden Mitarbeiter demotiviert, wenn die Arbeit mit der Klientel in den Hintergrund gerät. Anders als in der Erwerbswirtschaft ist das Arbeitsentgelt nur begrenzt als Motivationsfaktor einsetzbar. Folglich sind auch die materiellen Anreizsysteme der Erwerbswirtschaft (Sonderzahlungen, Prämien oder die Gewährung eines Dienstwagens) nur begrenzt als Motivationsmittel einsetzbar. Da für viele Mitarbeiter im sozialen Sektor die Arbeitsinhalte der wichtigste Motivator und eine Quelle der Arbeitszufriedenheit sind, sollten beispielsweise Personaleinsatz und -führungsmaßnahmen gewählt werden, die mit einer Erweiterung des Tätigkeits- und Entscheidungsspielraums der Mitarbeiter einhergehen. Deshalb sollten im sozialen Sektor Modelle zur attraktiven Gestaltung der Arbeitsumgebung, zur Erweiterung der Arbeitsvarietät und der Arbeitsanreicherung wie Job-Rotation, Job-Enlargement oder Job-Enrichment verstärkt zum Einsatz kommen. (Beim Job-Rotation wechseln die Mitarbeiter nach bestimmten Zeit- und Reihenfolgen ihren Arbeitsplatz. Beim Job-Enlargement werden verschiedene Bereiche zusammengefasst, während das Job-Enrichment sich auch auf den Entscheidungs- und Kontrollspielraum bezieht.)

Jede soziale Einrichtung hat einen gesellschaftlichen Handlungsauftrag, aus dem sich die Zielsetzung des Arbeitsfeldes ergibt. Folglich gilt es bei der Auswahl der Motivationsinstrumente folgende Kernfrage zu beantworten:

3. Wie kann ich Mitarbeiter so beeinflussen, dass sie mithelfen, die Ziele des Unternehmens effektiv zu erreichen?

Mitarbeitermotivation: Verhaltensbeeinflussung der Mitarbeiter unter Berücksichtigung der bewussten und unbewussten Motive der Mitarbeiter

Es stellt sich die Frage, wie durch Kommunikation und Verhandlungen Vereinbarungen erzeugt werden können, die den Interessen der Mitarbeiter und des Unternehmens entsprechen und wie auf diesem Hintergrund das Verhalten der Mitarbeiter unter Berücksichtigung ihrer bewussten und unbewussten Motive beeinflusst werden kann.

Die Kunst der Mitarbeitermotivation besteht darin, diesen Aushandlungs- und Vereinbarungsprozess so zu gestalten, dass die Arbeit für die Mitarbeiter einen Belohnungscharakter bekommt, da sie dem entspricht, was sie wollen.

Motivationstheorien

Es existieren zahlreiche Motivationstheorien, die in Inhalts- und Prozesstheorien unterschieden werden können. Inhaltstheorien fragen, **was** motiviert und Prozesstheorien **wie** Motivation initiiert und erhalten werden kann. Im Folgenden werden je ein Beispiel für eine Inhalts- und Prozesstheorie vorgestellt:

2.2.1.2.1 *Inhaltstheorien*

Bei den Inhaltstheorien (Bedürfnis-Spannungstheorien) geht man davon aus, dass die Menschen Bedürfnisse und innere Spannungszustände haben, die nach Ausgleich oder Befriedigung drängen und kausal das Verhalten der Menschen prägen. Die Bedürfnistheorie nach **Maslow** ist hier einzuordnen.

2.2 Personalführung

Maslow (1954/1981) geht davon aus, dass der Mensch sich selbst entfalten und verwirklichen will (»self-actualisation«). Er sieht den Menschen als »wanting animal«, der sich durch Bedürfnisse motivieren lässt und geht von einer Hierarchie der menschlichen Bedürfnisse aus, die er in fünf Klassen unterteilt. An der Basis befinden sich die grundlegenden körperlichen Bedürfnisse, während an der Spitze das Bedürfnis nach Selbstverwirklichung steht, das aber erst dann verwirklicht werden kann, wenn alle grundlegenderen Bedürfnisse befriedigt worden sind. Folglich sind die einzelnen Ebenen der Hierarchie nach ihrer »Dringlichkeit der Erfüllung« geordnet. Ist z.B. sein Basisbedürfnis nach Nahrung, Kleidung und Schlaf befriedigt, sucht der Mensch nach in der Hierarchie höher stehenden Bedürfnissen und versucht nun diese zu befriedigen.

Abb. 4:   Bedürfnis-Pyramide nach Maslow

Während die Bedürfnisse der obersten Bedürfnisstufe als Wachstumsbedürfnisse charakterisiert werden, werden die Bedürfnisse der anderen Bedürfnisstufen als Defizitbedürfnisse bezeichnet.
Die Befriedigung der Defizitbedürfnisse der niedrigen Stufen haben eine höhere Priorität als die, der höher angeordneten Stufen. Eine teilweise Nichterfüllung von Defizitbedürfnissen ruft Krankheiten körperlicher und/oder seelischer Art hervor. Mit der vollen Befriedigung eines Defizitbedürfnisses wird es verhaltensunwirksam. Je mehr Bedürfnisse mit hoher Priorität befriedigt werden, umso größere Bedeutung erlangen die Bedürfnisse geringerer Priorität.
Zu beachten ist, dass für Mitarbeiter in sozialen Organisationen insbesondere soziale, Wertschätzungs- und Selbstverwirklichungs-bedürfnisse ausschlaggebend sind. Doch sollten die Grenzen des Ansatzes beachtet werden. Denn das Modell ist zwar Dank seiner Klarheit und Einfachheit kraftvoll und überzeugend, doch sind die Begriffe unscharf und folglich nur schwer zu operationalisieren. Auch trifft die lineare Hierarchie nicht

auf alle Menschen zu. So überspringen beispielsweise asketische Menschen untere Stufen der Maslowschen Bedürfnispyramide. Weiterhin klammert der humanistische Ansatz Maslows äußere Realitäten wie Gewalt und Zerstörung aus und führt Selbstverwirklichung lediglich auf individuelle Bedürfnisbefriedigungen zurück. Doch exzessive Bedürfnisbefriedigung führt nicht unbedingt zur Selbstverwirklichung, sondern kann auch psychische Defekte zur Folge haben. Auch ist die sich aus dem Ansatz ergebende Folgerung, dass ein Mensch so lange motivierbar ist, solange seine Bedürfnisse noch nicht gestillt sind, nicht eindeutig umsetzbar. So kann diese Folgerung einerseits so interpretiert werden, dass die Organisation zur Bedürfnisbefriedigung beitragen soll, um dem Mangel abzuhelfen und andererseits so, das die Mangelsituation zu konservieren sei, da die Erfahrung von Mangel die Quelle der Motivation ist.

Folgt man dem Maslowschen Ansatz, so ist es Aufgabe des Personalmanagements, zur Bedürfnisbefriedigung beizutragen. Dies kann wie folgt geschehen:

Selbstverwirklichungsbedürfnisse	Viele Mitarbeiter im sozialen Sektor haben sich aus inhaltlichen Gründen für dieses Arbeitsfeld entschieden. So weit wie möglich sollten deshalb die Arbeitsbeziehungen so gestaltet werden, dass die Mitarbeiter ihre jeweiligen Fähigkeiten einbringen können und Selbstverwirklichung und Selbstentfaltung möglich werden. Es geht darum, persönliche Entfaltungsmöglichkeiten zu schaffen, indem zum Beispiel Kompetenzen übertragen und Mitarbeiter in die Verantwortung eingebunden werden.
Wertschätzungsbedürfnisse	Weiterhin gilt es Wertschätzung und Anerkennung für geleistete Arbeit zu vermitteln. So sollte beispielsweise das Instrument der öffentlichen Belobigung zum Tragen kommen. Auch die Schaffung von Aufstiegsmöglichkeiten ist hier einzuordnen. Doch unterscheidet sich das Statusdenken im sozialen Sektor von dem in anderen Bereichen. So kann es für Mitarbeiter bspw. wichtig sein, zu einer bestimmten Szene oder Gruppe zu gehören.
Soziale Bedürfnisse	Für viele Mitarbeiter im sozialen Sektor sind gute persönliche Beziehungen zu Vorgesetzten, Mitarbeitern und Kollegen ein wichtiger Motivator. Ein gutes Betriebsklima und die Förderung persönlicher Kontakte dienen dazu, diese sozialen Bedürfnisse zu befriedigen. Viele Mitarbeiter des sozialen Sektors sind beziehungsorientiert und haben ein Bedürfnis nach Zugehörigkeit, das es zu befriedigen gilt. Sie benötigen Anerkennung, Zuwendung, das Gefühl gebraucht zu werden, wichtig zu sein und etwas Sinnvolles zu tun.
Sicherheitsbedürfnisse	Auf dem Hintergrund einer Arbeitslosenzahl von 5 Millionen Menschen wächst auch in der Sozialwirtschaft der Stellenwert der Arbeitssicherheit. Sozialer Einrichtungen und Dienste, die in Lage sind, ihren Mitarbeitern eine Zukunftsperspektive zu bieten, befriedigen diese wichtigen Bedürfnisse. Im Zuge aktueller Ökonomisierungstendenzen werden weiterhin auch Gehaltsfragen immer wichtiger, und es wächst bei vielen Menschen

die Angst davor, nicht mehr mithalten zu können. Hierauf gilt es zu reagieren.

Gleiches gilt für Fragen der Arbeitsbedingungen, die im Zuge einer zunehmenden Arbeitsverdichtung auch in der Sozialwirtschaft an Bedeutung gewinnen. Gute Arbeitsbedingungen entsprechen den physiologischen Bedürfnissen der Menschen, die in der Sozialwirtschaft tätig sind.

Physiologische Bedürfnisse

2.2.1.2.2 *Prozesstheorien*

Die Prozesstheorien gehen davon aus, dass neben den Motiven und Bedürfnissen der Mitarbeiter auch andere Faktoren zu berücksichtigen sind, um Motivation zu initiieren und zu erhalten. Sie konzentrieren sich nicht auf die Motivationsinhalte, sondern die Motivationsprozesse, »die ein bestimmtes Verhalten anregen (Wahlverhalten), zielorientiert ausrichten, erhalten und beenden« (Hentze 1997, 137).
Sie fragen also nicht, **was** eine Person motiviert, sondern **wie** sie zu motivieren ist.

Wie können Mitarbeiter motiviert werden

Die ***Erwartungs-Valenz-Theorien*** gehören zu den Prozesstheorien und gehen davon aus, dass Menschen sich bei mehreren Handlungsalternativen für die Alternative entscheiden, die ihnen den größten Nutzen (Valenz) verspricht. So geht **Vroom** (1964) in seiner **Valenz-Instrumentalitäts-Erwartungs-(VIE) Theorie** davon aus, dass die Leistungsbereitschaft des Mitarbeiters, im Gegensatz zu den inhaltstheoretischen Vorstellungen nicht nur von individuellen Bedürfnissen und Prädispositionen, von Werten und Einstellungen oder von Motivstrukturen, sondern insbesondere auch von der Wahrnehmung des individuellen Nutzens **(Valenz)** abhängt. Dieses Mittel-Zweck-Denken wird als **Instrumentalität** bezeichnet. Da die meisten Entscheidungssituationen Risikoelemente mit beinhalten, hängt das Wahlverhalten des Mitarbeiters aber auch von der Wahrscheinlichkeit des Eintritts der gewählten Alternative **(Erwartung)** ab.

Mittel-Zweck-Denken

Für das Management bedeutet dies, dass Aufgabenziele und das dazugehörige Anreizsystem so auszulegen sind, dass mit ihrer Erreichung zugleich die individuellen Ziele und Wünsche der Mitarbeiter erfüllbar werden[4] (Steinmann/Schreyögg 1993, 470). Die Führungskraft hat die Aufgabe, »dem Mitarbeiter Mittel und Wege zur Optimierung seines individuellen Nutzens aufzuzeigen« (Wunderer 2003, 287).
Eine wichtige Rolle in prozessorientierten Motivationsmodellen spielen Anreizstrukturen. Wenn die Erbringung von Leistungen belohnt wird,

---

4 »Die motivationale Aufgabe des Führers besteht im Ausbau der Anzahl und Art der persönlichen Vorteile der Untergebenen für ihren Arbeitseinsatz und darin, die Wege zu ebnen, dass diese Vorteile leichter erreicht werden dadurch, dass die Wege geklärt werden, Behinderungen und Beschränkungen reduziert und die Gelegenheiten zur Erhöhung der Zufriedenheit beim Zurücklegen des Weges anwachsen« (House/Mitchel 1974, zit. in Wunderer 2003, 287, 288).

Abb. 5: Grundstruktur des Vroom-Modells (Steinmann/Schreyögg 1993, 465)

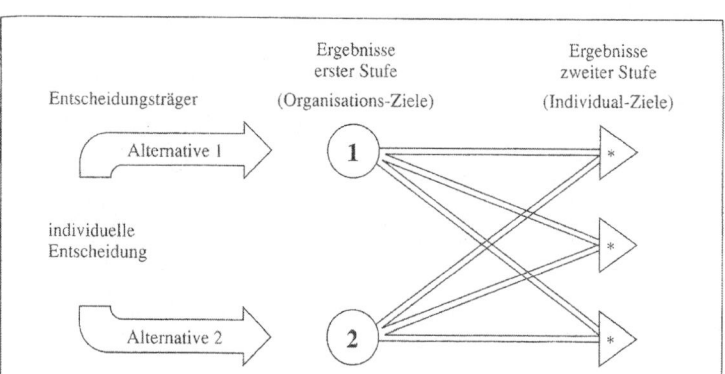

Abb. 6: Auswirkungen des VIE Modells (in Anlehnung an Steinmann/ Schreyögg 1993, 471)

	Individuum	**Führungskraft**
Valenz	Wie wichtig sind mir die Ziele?	• Mitarbeiterziele identifizieren, • Anreizsystem entsprechend ausrichten
Instrumentalität	Welches meiner Ziele kann ich mit welchem Einsatz erreichen?	• Kopplung von Leistung und Anreiz
Erwartung	Kann ich mein Ziel/ die Leistung erreichen?	• Klärung der Leistungsziele • Personalauswahl • Personalentwicklung

hat dieses wiederum Auswirkungen auf die einzelnen Elemente des Systems.
Reichhardt versucht diesen Zusammenhang in Form eines Regelkreises darzustellen.
Reichard weißt darauf hin, dass die Leistungsbereitschaft (das Wollen) nicht mit der Leistung an sich gleichzusetzen ist (Reichard 1987, 200). Denn es gibt Menschen, die zwar eine hohe Leistungsbereitschaft aufweisen, aber dennoch nur geringe Leistungen erbringen (können). So können Personen mit hoher Motivation und mittleren Fähigkeiten die gleichen Leistungen erbringen wie Personen mit hohen Fähigkeiten und mittlerer Motivation. Folglich sollte das Personalmanagement bei Personen, die hohe Fähigkeiten haben, bei der Motivation ansetzen, während es bei Personen, die mittlere Fähigkeiten haben und hoch motiviert sind, bei den Fähigkeit ansetzen sollte.

Abb. 7: Regelkreismodell (Reichard 1987, 201)

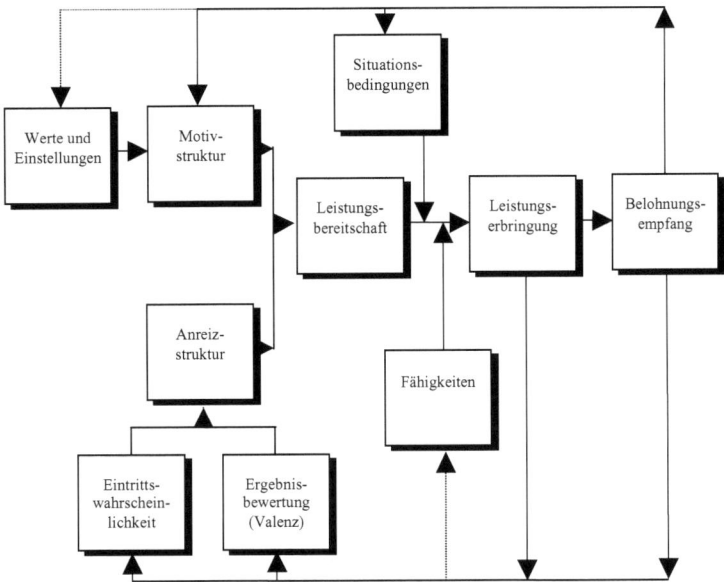

Neben den Fähigkeiten der Mitarbeiter (ihrem Können) sind auch die gesellschaftliche und organisatorische Situationsbedingungen (z.B. die Organisationsstrukturen – oder die finanziellen Rahmenbedingungen) zu beachten.
Ein weiterer Bestandteil des Modells ist die Verknüpfung von Leistungserbringung und Belohnung. Wenn die Belohnung der Leistungserbringung direkt zuzuordnen ist, kann dies gegebenenfalls sogar zu einer Änderung der Motivstruktur führen. Die Führungskraft sollte deshalb gewünschte Verhaltensweisen durch positive Rückmeldungen verstärken. Anerkennung, Bestätigung aber auch sachliche Korrektur und verständnisvolle Kritik können motivieren. Einfache Formen der Bestätigung sind Kopfnicken, ein bloßes »Ja«, eine zufriedene Mine, ein ehrliches »Danke«.

2.2.1.3 Entscheidungstheoretische Modelle

Während bei den soziostrukturierten, motivationstheoretischen Ansätzen Führungskraft und Mitarbeiter interagieren, orientieren sich systemstrukturierte Führungsmodelle an den Möglichkeiten einer Kontextgestaltung, die beispielsweise auf der Ebene der Organisationskultur oder -struktur erfolgen kann (vgl. Kapitel 1.1.3).
Aus systemischer Sicht führt jede Form des Managements, so auch das Personalmanagement zu einer Veränderung des Kontextes. Management

Kontextgestaltung

erfolgt über Entscheidungen und kann auch als Entscheidungshandeln bezeichnet werden. Um auf die Möglichkeiten und Grenzen der Kontextgestaltung hinzuweisen, werden im Folgenden entscheidungstheoretische Führungsmodelle vorgestellt. Sie beschreiben das Verhalten der am Führungsprozess beteiligten Personen auf dem Hintergrund wechselnder Systemstrukturen. Es werden idealtypische normative Modelle vorgestellt, die von einem rationalen Handeln der Führungspersonen ausgehen. Weiterhin werden deskriptive Modelle vorgestellt, um das tatsächliche Handeln der Führungskräfte zu analysieren.

Als ein Beispiel für technokratisch normative Ansätze wird der Ansatz der rationalen Wahl vorgestellt. Als Beispiel für systemisch deskriptive Modelle werden der Ansatz der begrenzt-rationalen Wahl, der Inkrementalismus, das Politikmodell der Führungssituation und das Modell der organisierten Anarchie vorgestellt.

Führungstheorien der rationalen Wahl

Die Führungstheorien der rationalen Wahl gehen von einem Idealbild der Führungssituation aus und davon dass:
– Ziele bekannt und klar und eindeutig formuliert sind,
– das Führungsproblem bekannt und klar formuliert ist,
– alle möglichen Alternativen und ihre Konsequenzen bekannt sind,
– die Führungsperson unabhängig von anderen handeln kann und
– die Führungsentscheidung kausal logisch nach dem Muster: Diagnose, Planung, Umsetzung und Kontrolle erfolgt (vgl. Stachle 1999, 519).

Rationale Führungsprozesse erfolgen nach folgendem Muster: In einem ersten Schritt erfolgt die Problemerkenntnis, im zweiten Schritt die Zielsetzung, im dritten Schritt die Analyse und Bewertung der zur Verfügung stehenden Möglichkeiten, im vierten Schritt die Wahl der besten Alternative und im fünften Schritt die Umsetzung und Kontrolle der Entscheidung.

So logisch und klar dieser rationale Ansatz auch in der Theorie ist, so selten ist er in der Realität vorzufinden. Beispielsweise kann die Führungsperson in der Realität nur begrenzt auf Informationen und Ressourcen zugreifen. Weiterhin sind die Konsequenzen des Führungshandelns oftmals bestenfalls abschätzbar.

Führungstheorien begrenzt-rationaler Wahl

Führungstheorien begrenzt-rationaler Wahl gehen davon aus, dass Führungspersonen über unvollständige Informationen verfügen, niemals alle möglichen Alternativen und deren Konsequenzen kennen, Handlungsalternativen unzureichend bewerten und sich optimale Lösungen vorab nicht bestimmen lassen (vgl. Stachle 1999, 520 f.). Viele Führungsentscheidungen entstehen prozesshaft und sind oft das Ergebnis von Aushandlungsprozessen, die erst im Nachhinein durch Problemanalysen legitimiert werden.

Inkrementalismus

Oftmals wird in sozialen Einrichtungen ausprobiert und nach passungsfähigen Lösungen gesucht, und wenn die Dinge nicht mehr passungsfähig sind, werden Entscheidungen wieder revidiert. Zu diesem Ansatz, der als Inkrementalismus bezeichnet wird, gehört die Methode des »Durchwur-

2.2 Personalführung

stelns« oder die Kunst des »muggling through«, die in der Praxis oftmals den, in der Theorie so logischen, Modellen des rationalen Handeln überlegen sind (Lindblom 1959 zit. in Stachle 1999, 522).

Zum Inkrementalismus gehört auch die Versuch-Irrtum-Methode, das »Try and Error«. Hier geht man von Problemen als Ausgangspunkt aus, entwickelt versuchsweise Problemlösungen, beseitigt dann Fehler und Schwächen und kommt schließlich wieder zurück zu neuen Problemlösungsversuchen und zur eigentlichen Führungsentscheidung (vgl. Malik 1986, 265 zit. in Stachle 1999, 523).

Auch das Konfliktmodell der Führungssituation (Janis/Mann 1977 zit. in Stachle 1999, 524) geht nicht von einem reinen rationalen Handeln aus. Gerade in der Sozialwirtschaft wird oftmals nicht nach rein rationalen, kognitiven, nachvollziehbaren Kriterien entschieden und geführt, sondern auch gefühlsmäßig oder um den persönlichen Nutzen Einzelner beziehungsweise bestimmter Gruppen zu maximieren.

Konfliktmodell der Führungssituation

Folglich gilt es, auch im Personalmanagement die Gefühle und Befindlichkeiten der Mitarbeiter wahrzunehmen und hierauf zu reagieren. Eine Führungskraft darf einen Mitarbeiter niemals bloßstellen und muss sich immer so verhalten, dass sie dem Mitarbeiter »ins Gesicht schauen kann«. Gleichzeitig geht es aber auch darum, das Ziel des Unternehmens im Auge zu behalten. In einigen Bereichen der Sozialwirtschaft haben Mitarbeiter ihr Hobby zum Beruf gemacht oder befassen sich mehr miteinander als mit den Klienten. Einige inszenieren Intrigen und verlieren sich in Mobbingprozessen. Es ist Aufgabe der Personalführung, hier gegenzusteuern, um dem gesellschaftlichen Handlungsauftrag der Sozialwirtschaft gerecht zu werden.

Da die Sozialwirtschaft durch öffentliche Mittel finanziert und folglich stark von gesellschaftspolitischen Prozessen bestimmt wird, erfolgen Führungsprozesse oftmals im politischen oder vorpolitischem Raum. Es wird mehr ausgehandelt als geführt.

Das Politikmodell der Führungssituation geht davon aus, dass Führungsprozesse ausgehandelt werden. Im Rahmen dieser Aushandlungsprozesse wird miteinander agiert und interagiert, und das Personalmanagement bekommt eine mikropolitische Ausrichtung (Küpper/Ortmann 1988). Außerorganisatorische Machtpotenziale im Führungsprozess müssen berücksichtigt werden, weil die Sozialwirtschaft auf der Ressourcenebene von öffentlichen Mitteln abhängig ist, können Mitarbeiter, die über gute politische Kontakte verfügen, Führungssituationen in ihrem Sinne beeinflussen. Hinzu kommt, das zum Arbeitsfeld vieler Sozialarbeiter und Sozialpädagogen das Aushandeln und Verhandeln gehört, sei es im Rahmen von Gremien oder in der konkreten Arbeit mit dem Klientel und dieses auch von Führungsprozessen erwarten. Dabei ist der Übergang von Aushandlungsprozessen zu chaotischen Prozessen oft fließend.

Politikmodell der Führungssituation (deskriptiv entscheidungstheoretisch)

Führungsmodell der organisierten Anarchie – das Mülleimer-Modell

Cohen/March/Olsen (1972 zit. in Stachle 1999, 527) und March/Olsen (1979 zit. in Stachle 1999, 527) haben anhand von Untersuchungen im Hochschulbereich das Modell der Mülleimerorganisation entwickelt. Ähnlich zufällig wie in einem Mülleimer Joghurtbecher neben Bananenschalen liegen, so sind auch viele Entscheidungen in Hochschulen von außen gesehen eher zufällig, beziehungsweise nicht immer nachvollziehbar. Denn die Entscheidungen sind von der wechselnden Zusammensetzung von Gremien abhängig. Es kann heute in diese Richtung gehen und morgen in die andere.

Mit Cohen/March/Olsen fließt alles in den Mülleimer Organisation: Probleme, Interessen, Forderungen, Lösungen, Ideen, Technologien, Entscheidungsgelegenheiten, Teilnehmer etc. Der Führungs- und Entscheidungsprozess verläuft im Mülleimer-Modell in folgenden Phasen:
1. Problemphase: Der Identifizierung der Mülleimer-Ströme;
2. Verhandlungsphase: Suche nach Koalitionen und Aushandeln von Kompromisslösungen;
3. die Überzeugungsphase: Verkaufen der Kompromisslösung an die weniger aktiven Teilnehmer und
4. die Bürokratiephase: Konkretisierung der Beschlüsse und Ergänzungen von Durchführungsanweisungen.

Führungs- und Entscheidungsprozesse kommen wie folgt zustande:
1. Übersehen der Probleme, die mit der Führungsentscheidung verbunden sind, zuvor die Entscheidungsfindung;
2. Flucht vor dem Problem und Aufschiebung der Führungsentscheidung, bis sich das Problem von selbst löst oder bis sich eine bessere Entscheidungsgelegenheit bietet und
3. Lösung des Problems durch intensive Problembearbeitung mit anschließender Entscheidung der Führung (vgl. Stachle, 1999, 528).

Viele Einrichtungen der Sozialwirtschaft haben ähnlich unklare Strukturen wie die Einrichtungen des Hochschulbereiches. Mann kann auch hier das Modell der Mülleimerorganisation übertragen. In vielen Einrichtungen der Sozialwirtschaft werden Führungsentscheidungen im Rahmen eines Prozesses der organisierten Anarchie gefällt. Ähnlich wie im Hochschulbereich gibt es auch in der Sozialwirtschaft oftmals schlecht definierte Ziele und unklare Problemursachen, unzureichende Interpretationen, fehlende Kompetenzen und eine fehlende Kontinuität der Führungspersonen.

Abb. 8: *Charakteristika der wichtigsten Entscheidungstheorien, (mit Ergänzungen aus Staehle 1999, 529)*

Merkmal	Rationale Wahl	Begrenzt – rationale Wahl	Inkrementalismus	Konflikt-Modell	Politik-Modell	Organisierte Anarchie
Entscheider und Ziele	Ein Entscheider/ein Ziel oder widerspruchsfreies Zielsystem	mehrere Entscheider/konfliktäre Ziele	mehrere Entscheider/keine Ziele	Individuum oder Gruppen/unklare Ziele	mehrere Entscheider/sehr unterschiedliche Ziele	mehrere Entscheider/sehr unterschiedliche Ziele
Macht und Kontrolle	zentralisiert	weitgehend zentralisiert	weitgehend zentralisiert	weitgehend zentralisiert	dezentral, wechselnde Koalitionen	weitgehend dezentral in Kommissionen, bei Individuen
Entscheidungsgrundlagen	»Nutzenmaximierung«	»Satisficing«, zufriedenstellende Lösung	»Inkrementalismus«, marginale Veränderung	»Vigilanz«, sorgfältige Informationsverarbeitung	»Bargaining«, Machtkämpfe	»Mülleimer«, Konvergenz der Probleme und Lösungen
Entscheidungsprozess	sehr geordnet, rational	geordnet, verfahrensrational	verfahrensrational	konfliktär, stresserzeugend	konfliktär, politisch	völlig ungeordnet, zufallsgesteuert
	technokratisch normativ	motivationsorientiert		entscheidungstheoretisch		

2.2.2 Führungsstile

2.2.2.1 Eindimensionale (klassische) Führungsstile (autokratisch bis demokratisch)

Das Verhalten der Geführten wird vom Verhalten der Führungsperson geprägt

Mit Führungsstilen bezeichnet man ein konsistentes, typisiertes und wiederkehrendes Führungsverhalten (Wunderer 2003, 204).
Klassische eindimensionale Führungsstile gehen davon aus, dass das Verhalten der Geführten vom Verhalten der Führungsperson geprägt wird. Diese Verhaltensmuster lassen sich unter Bezug auf Lewin/Lippitt/White (1939) klassischerweise als autoritär, demokratisch oder laissez faire bzw. unter Bezug auf Weber (1921) als charismatisch oder bürokratisch kategorisieren.

2.2.2.1.1 Der autoritäre Führungsstil

Eindeutigkeit

Kennzeichnend sind die Eindeutigkeit der Anordnungen, bei der die MitarbeiterInnen wissen, was sie zu tun und zu unterlassen haben, man denkt unwillkürlich an Befehl und Gehorsam. Der Vorgesetzte bestimmt durch seine Autorität die Richtung und schränkt die Kreativität und Eigenentwicklung der Mitarbeiter stark ein. Die Konsequenzen bei einer Nichtbeachtung der Anweisungen sind klar und eindeutig. Folglich vermeiden die Mitarbeiter eigenständige Problemlösungen und orientieren sich nur noch an der Führungskraft. Fällt der Führende aus, so kommt es oftmals zu einer Verunsicherung der Mitarbeiterinnen.

Merkmale	Auswirkungen
• Einsatz der vollen Autorität nach dem Motto: »Ich aber sage euch: Das sollt ihr tun!« • Eindeutigkeit der Anordnungen und Richtlinien • Führungskraft entscheidet über sämtliche Maßnahmen, bestimmt das gesamte Vorgehen und die Techniken und verteilt alle Teilaufgaben. • Das Ziel ist häufig nicht klar definiert. • Die Führungskraft übernimmt die Verantwortung für das Verhalten der Gruppe und das Gelingen des Vorhabens. • Die Führungskraft hält Distanz.	• Unsicherheit in der Gruppe, wenn die Führungsperson ausfällt. • Die Möglichkeit der Kreativität und Eigenentwicklung ist gering. • Geäußerte Kritik ist häufig wenig objektiv und konstruktiv. • Keine Verantwortung für den einzelnen Mitarbeiter • Geringer Gruppenzusammenhalt • Das Leistungsverhalten der Gruppe ist quantitativ hoch, qualitativ eher gering. • Gespannte Gesamtatmosphäre

Anhand der Auflistung wird deutlich, dass das autoritäre Verhalten der Führungspersonen zu Motivationsproblemen und in der Folge zu einem schlechten Leistungsverhalten der Mitarbeiter führen kann. Doch sollte man sich hüten, mit dem Begriff autoritärer Führungsstil ein aufgabenorientiertes Führungsverhalten zu diskreditieren, das in vielen Bereichen des sozialen Sektors notwendig ist. So sind klare und zügige Anweisungen von einer hierfür eindeutig zuständigen Führungsperson in vielen Bereichen des sozialen Sektors unabdingbar. Denn jeder von uns wäre sehr verwundert und gar nicht amüsiert, wenn bspw. beim Rettungsdienst erst ausdiskutiert würde, wer denn nun für den nächsten Einsatz zuständig sei. Wie wir bereits gesehen haben, sind in den Bereichen der Sozialen Arbeit, in denen die Aufgabenfelder klar bestimmbar sind, aufgabenorientierte den beziehungorientierten Führungsmodellen überlegen (vergleiche Kapitel 2.2.1.1.). Auch in den Arbeitsfeldern der Sozialen Arbeit, in denen unter einem hohen Termindruck gearbeitet wird, müssen klare Anweisungen erfolgen, um die Arbeit bewältigen zu können.

2.2.2.1.2 Der demokratische Führungsstil (kooperativ-integrativ)

Bei diesem Führungsstil wird versucht, ideenreiche Arbeit mit Sachdisziplin zu verbinden. Er ist durch Delegation auf der einen und Verantwortungsübernahme auf der anderen Seite gekennzeichnet und dadurch, dass jeder Mitarbeiter die Organisationsziele kennt und seine Aufgaben darauf abstimmt. Die Mitarbeiter können ihre Fähigkeiten einbringen. Auch hier werden klare Entscheidungen getroffen, allerdings unter Beteiligung der Mitarbeiter.

Delegation und Verantwortungsübernahme

Merkmale	Auswirkungen
• Die Führungskraft vermittelt zunächst nur einen groben, vorläufigen Überblick über das Projekt. • Festlegung der Richtlinien, Arbeitsabschnitte, Techniken und Maßnahmen ist das Ergebnis von Gruppendiskussionen und -entscheidungen. • Die Führungskraft ermuntert und regt an. • Die Gruppe trägt die Verantwortung für das Vorgehen und das Ergebnis. • Die Gruppenmitglieder entscheiden selbst, mit wem sie arbeiten wollen. • Die Führungskraft provoziert Selbstständigkeit. • Objektive und konstruktive Bewertung durch die Führungskraft • Die Führungskraft erscheint weitgehend als Gruppenmitglied, das Verhalten ist partnerschaftlich und sozialintegrativ. • Gruppenorientierte Eingriffe – entwicklungsorientierte Forderungen • Ideenreiche Arbeit wird mit der nötigen Sachdisziplin verbunden.	• Eigeninitiative und Spontaneität der Gruppenmitglieder • Verhalten der Gruppenmitglieder ist vielfältig, individuell, produktiv, konstruktiv. • Gegenseitige Anerkennung, Toleranz und konstruktive Anregungen innerhalb der Gruppe. • Es wird ein Gefühl der Sicherheit und des Freiheitserlebens in der Gruppe erzeugt. • Es herrscht Gleichberechtigung in der Gruppe. • Bessere Arbeitsmoral -stärkere Arbeitsbereitschaft, -Beharrlichkeit • Ausgeglichene Atmosphäre. • Stabiler Gruppenzusammenhalt • Verhältnis zur Führungskraft positiv und frei, daher keine Unterwürfigkeit und Aggressivität. • Zielerreichung benötigt viel Zeit, jedoch bessere Qualität der Ergebnisse und Erfolgserlebnis für alle.

Den Vorteil des kooperativen Führungsstils (gemeinsame Entscheidung und hohe Motivation der Mitarbeiter bei gleichzeitiger Entlastung der Führungsperson) stehen je nach Situation auch Nachteile gegenüber. Denn der demokratische Führungsstil ist sehr zeitaufwändig und deshalb nicht immer funktional. So kann es passieren, dass über Randbereiche der eigentlichen Arbeit stundenlang diskutiert wird und die wirklich wichtigen Dinge nicht gemacht werden. Es besteht die Gefahr, dass sich Führungspersonen und Mitarbeiter nur noch mit sich selbst beschäftigen. Sie benötigen sehr viel Zeit für Partizipationsprozesse und Konsensfindung und vernachlässigen dabei die eigentliche Arbeit.

2.2.2.1.3 Der laissez-faire-Führungsstil

»Macht was ihr wollt«

Dieser Führungsstil ist ein Nichtführungsstil und führt oftmals zu einem absoluten Chaos. Die Führungsperson nimmt ihre Aufgabe nicht wahr. Es gilt das Motto: »Macht was ihr wollt« und »Solange das Ziel nicht bekannt ist, ist jeder Weg der richtige« (Müller-Schölle, Priepke, 1992, 140).

Merkmale	Auswirkungen
• Motto: »Macht doch was ihr wollt, Bedürfnisse sind frei«. • Die Führungskraft beeinflusst die Gruppe kaum oder gar nicht. • Der Führungsanspruch wird durch Passivität freigegeben. • Die Führungskraft macht nur auf Arbeitsmaterial aufmerksam. • Informationen von der Führungskraft nur auf ausdrückliches Verlangen und Formulieren (keine weiteren Tipps). • Das Vorgehen wird allein der Gruppe überlassen. • Freundliches Beziehungsverhältnis der Führungskraft zur Gruppe.	• Starke Persönlichkeiten können »die Sache in die Hand nehmen«, was schnell zu einem autoritären Führungsstil führen kann. • Unzufriedenheit der Gruppenmitglieder, da nichts zustande kommt. • Die Planung und Durchführung eines Projektes ist kaum durchführbar, da nur geringe Übereinstimmung in der Gruppe besteht. • Gruppe wegen mangelnder Steuerung unzufrieden. • Qualitativ und quantitativ geringe Erfolge. • Gereiztes Klima.

Der jeder die Möglichkeit hat, das zu tun, was er möchte, können starke Personen »die Sache in die Hand nehmen«, was zu einem autoritären Führungsstil eines Gruppenmitglieds führen kann.

Zu den eindimensionalen klassischen Führungsstilen gehören auch der charismatische und bürokratische Führungsstil, die auf Weber (1921) zurückgeführt werden.

2.2.2.1.4 Der charismatische Führungsstil

Ausstrahlungskraft der Führungsperson

»Charisma ist die spezifische Ausstrahlungskraft einer Führungsperson, die unabhängig von fachlichen Fähigkeiten eine Akzeptanz und letztlich Werteänderung bei der geführten Person bewirkt (Scholz 2000, 954). Bei diesem Führungsstil kommt es maßgeblich darauf an, wie die Ausstrahlung der Führungskraft von den geführten Personen bewertet wird. In der folgenden Übersicht sind Merkmale und Auswirkung des charismatische Führungsstils aufgelistet.

Merkmale	Auswirkungen
• Motto: »Wir lieben und verehren dich – sage uns, was wir tun sollen, wir handeln danach«. (Müller-Schöll/Priebke 1992, 141) • Aufgrund seiner Persönlichkeit gewinnt der charismatische Führer »die Herzen« der anderen und setzt seine Ziele durch.	• Objektivität der Gruppenmitglieder schwindet, alles was die Führungskraft sagt, ist Gesetz. • Andere Meinungen werden nicht mehr akzeptiert. • Charismatische Führer leben nicht selten »gefährlich«.

Anhand der Tabelle wird deutlich, dass der charismatische Führungsstil nicht ungefährlich ist. Er basiert im Wesentlichen darauf, dass die Führungsperson andere beeindruckt. Scheitert dieser Ansatz, werden charismatische Führungskräfte destruktiv, launisch und despotisch (vgl. Scholz 2000, 957).

2.2.2.1.5 *Der bürokratische Führungsstil*

Weber (1921) bezeichnet die legale bürokratische Herrschaft im Vergleich zur traditionellen und charismatischen Herrschaft als die stabilste und effektivste Form der Herrschaftsausübung. Der bürokratische Führungsstil findet sich insbesondere bei öffentlichen Trägern. Die traditionelle Behörde ist hierarchisch aufgebaut und normenorientiert. Amtsbezeichnung und die Festlegung von Kommunikations- und Informationswegen sind wichtige Kennzeichen des bürokratischen Führungsstils. In der Bürokratie sind die Mitarbeiter dem Vorgesetzten untergeordnet, und ihre Ziele werden durch Verwaltungsakte bestimmt und kontrolliert. Dadurch wird oft Eigeninitiative unterdrückt.

Hierarchisch normenorientiert

Die folgende Übersicht fasst Merkmale und Auswirkung des bürokratischen Führungsstils zusammen.

Merkmale	Auswirkungen
• Ziele der Mitarbeiter werden durch den Verwaltungsakt bestimmt, der die Verwirklichung der Ziele kontrolliert und mechanistisch von einer Ebene zur anderen weitergibt. • Individuelle Bemühungen der Mitarbeiter werden weitgehend ausgeschaltet.	• Eigeninitiative wird unterdrückt. • Die Führungskraft ist oft unbeliebt. • Meist unbefriedigende Erlebnisse

Die klassischen »Führungsstile«, wie gerade skizziert, wird man idealtypisch in der Realität nicht anfinden. Auch ist es nicht immer sinnvoll, nur einen »Führungsstil« zu pflegen, denn es gibt genügend Situationen, in denen z.B. ein autoritärer »Führungsstil« effektiver und effizienter ist als ein demokratischer oder umgekehrt.

Führungsstile sind zwar u.a. charakter- und persönlichkeitsabhängig, aber Führungspersonen sollten in der Lage sein, verschiedene Führungsstile in unterschiedlichen Situationen passungsfähig einzusetzen.

Empirische Untersuchungen haben gezeigt, dass die Wirkung der Führungsstile von Seiten der Führungskraft vielfach überschätzt wird.

»»Ich habe einen integrativ-kooperativen Führungsstil.« Dies behaupten mehr als 80 % der Direktoren; weniger als 40 % ihrer Abteilungsleiter sind davon überzeugt.

»Ich habe einen integrativ-kooperativen Führungsstil.« Dies behaupten mehr als 80 % der Abteilungsleiter; weniger als 40 % ihrer Referenten sind davon überzeugt. (. . .)

Die auffälligen Beurteilungsabweichungen beruhen sicher nicht nur auf der unterschiedlichen Selbst- und Fremdwahrnehmung, vielmehr werden sie dadurch bestimmt, dass, unabhängig von subjektiven Führungsstilen, Führungsverhalten in konkreten Situationen durch die verschiedensten Strukturbedingungen der Organisation beeinflusst ist« (Müller-Schöll/ Priebke 1992, 138,139).

Aufgabe:
Welchen Führungsstil praktizieren Sie? Wie ordnen Sie sich selbst ein? Wie sehen andere Sie?

2.2.2.1.6 Modifizierung der klassischen Führungsstile

Individuelle Voraussetzungen

Eine Modifizierung der klassischen Führungsstile erfolgt, wenn die Stile auf individuelle Voraussetzungen der Führerpersönlichkeit zurückgeführt werden (Decker 1992, 304). Orientiert an Harris Ansatz des »Ich bin O.K., Du bist O.K.«-Modells (Harris 1975) ergibt sich die folgende Matrix.

	Für mich bist du O.K.	Für mich bist du nicht O.K.	
Für mich bin ich O.K.	Sachlicher Problemlöser *(demokratischer Führungsstil)*	Liebenswürdiger Kompromißler *(laissez-faire-Führungsstil)*	Für mich bin ich nicht O.K.
	Autoritärer Herrscher *(autoritärer Führungsstil)*	Abgestumpfter Einzelgänger	

Es werden vier Typen vom autoritären Einzelgänger über den sachlichen Problemlöser bis zum unbeteiligten Laissez-faire-Typen und zum abgestumpften Einzelgänger unterschieden. Diese Unterscheidung ergibt sich aus dem Selbst- und Fremdbild. »Ich bin O.K., Du bist nicht O.K.«, ist das Muster des autoritären Herrschers. »Ich bin O.K., Du bist O.K.«, ist das Muster des sachlichen Problemlösers. Dem autoritären Herrscher wäre der Lewin'sche autoritäre Führungsstil zuzuordnen und dem sachlichen Problemlöser der demokratische Führungsstil. Der unbeteiligte Laissez-faire-Typ hat ein Selbstbild des »Ich bin nicht O.K.«, und ein Fremdbild des »Du bist O.K.« und zieht sich folglich aus den Entscheidungsprozessen zurück, und der abgestumpfte Einzelgänger »Ich bin nicht O.K., Du bist nicht O.K.« ist der Typus der Antiführungsperson. Diese Typen werden auf individualpsychologische Ebenen zurückgeführt, auf frühkindliche Erfahrungen, Kränkungen oder auch Stärkungen. Im Gegensatz dazu geht Lewin davon aus, dass die Gruppenkultur einen großen Einfluss auf individuelle Verhaltensänderungen hat. »Nur indem er (der Führende) sein eigenes Verhalten in etwas verankert, das so groß, so gehaltvoll und so überindividuell ist wie die Kultur einer Gruppe, kann das Individuum seine neuen Ansichten genügend festigen, um sie gegen die täglichen Stimmungsschwankungen und Einflüsse immun zu erhalten, denen es als Individuum ausgesetzt ist.« (Lewin 1968, 96)
Führungsstile sind sowohl individuell, als auch gesellschaftlich bestimmbar und geprägt. Es handelt sich um ein komplexes Zusammenspiel von kulturellen Zusammenhängen, der eigenen Person und Organisationsstrukturen.

2.2.2.2 *Zweidimensionale Führungsstile (Mitarbeiter- und Aufgabenorientierung)*

Zweidimensionale Führungsstile erweitern die Perspektive der eindimensionalen Stile, indem sie zusätzlich die Faktoren Mitarbeiter-/Aufgabenorientierung mit aufnehmen. Das, was beim eindimensionalen Führungsstil erst interpretiert werden muss, ergibt sich hier aus einer Matrix.

Im zweidimensionalen Matrix-Ansatz von Blake/Mouton (1968) werden unterschiedliche Führungsstile anhand der Ebenen Mitarbeiter- *(Concern for People)* und Aufgabenorientierung *(Concern for Production)* gekennzeichnet. In der Matrix werden auf der Horizontalen die Aufgabenorientierung und auf der Vertikalen die Mitarbeiterorientierung aufgelistet. | Das Verhaltensgitter von Blake/Mouton

Die Skalenwerte reichen von 1 bis 9. Die 1 kennzeichnet einen geringen Wert und die 9 einen hohen Wert. Diese Matrix ermöglicht 81 Kombinationsmöglichkeiten. Es werden von Blake/Mouton aber nur die fünf wichtigsten Kombinationen, die jeweiligen Eckpunkte und das Zentrum des Verhaltensgitters, herausgearbeitet (Hentze 1997, 236).

Abb. 9: Verhaltensgitter (Managerial Grid) nach Blake/Mouton

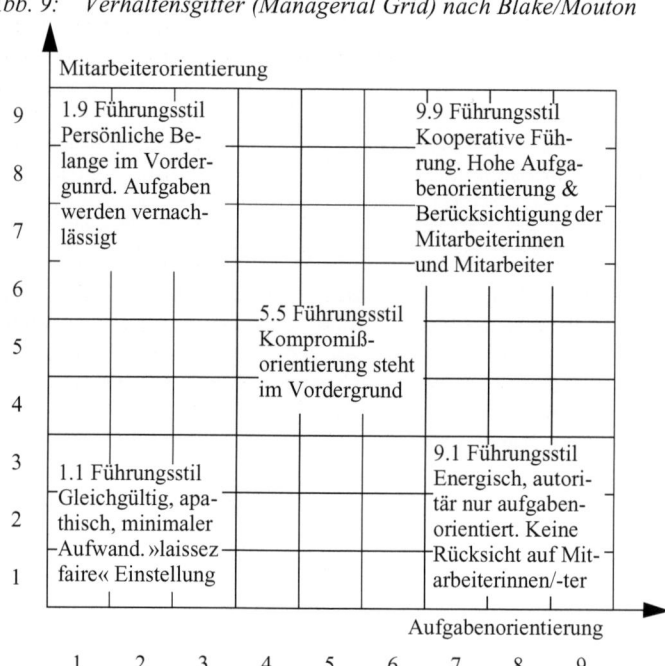

2.2 Personalführung

Der »1.1 Führungsstil« *(Überlebensmanagement)*
Dieser Führungsstil ist dadurch gekennzeichnet, dass sowohl die Mitarbeiter- wie auch die Aufgabenorientierung gering ist. Er ist mit dem eindimensionalen Laisser-faire Führungsstil vergleichbar. Die Führungskraft verhält sich passiv und engagiert sich weder für die Ziele des Unternehmens noch für die Belange der Mitarbeiter. Die Mitarbeiter reagieren auf diesen Führungsstil, der ein Nichtführungsstil ist, mit Apathie und Resignation.

Der »1.9 Führungsstil« *(Country Club – Management)*
Dieser Führungsstil ist dadurch gekennzeichnet, dass die Aufgabenorientierung gering und die Beziehungsorientierung hoch ist. Durch das hohe Interesse der Führungskraft an den Belangen der Mitarbeiter kann einer gute Arbeitsatmosphäre geschaffen werden, die die Leistungsbereitschaft der Mitarbeiter fördern kann, aber nicht muss. Dieses auch als »Country Club-Management« bezeichnete Führungsverhalten war in der Vergangenheit in vielen Organisationen des sozialen Sektors anzutreffen. Seitdem Marktstrukturen eingeführt wurden und Konkurrenz und Wettbewerb das Feld bestimmen, wird die Atmosphäre ungemütlicher. Der 1.9 Führungsstil verliert darum im sozialen Sektor an Bedeutung.

Der »9.1 Führungsstil« *(Befehlsmanagement)*
Der Gegenpol zum »1.9 Führungsstil« ist der »9.1 Führungsstil«. Hier steht die Arbeitsleistung im Mittelpunkt, und auf zwischenmenschliche Beziehungen wird wenig Rücksicht genommen. Die Aufgabe wird gesehen und nicht der Mitarbeiter. Nur das Ergebnis zählt.
Der »9.1 Führungsstil« geht oftmals mit einem autoritären Verhalten der Führungsperson einher und ist in hierarchisch organisierten Unternehmen auffindbar. Die Aufgabenorientierung erfolgt anhand von messbaren Indikatoren.
Wir erleben zur Zeit im sozialen Sektor, dass dieser Führungsstil an Boden gewinnt, erleben aber auch, dass aufgrund der Spezifika des sozialen Sektors, eine vermeintlich messbare Aufgabenorientierung nicht möglich ist, da personenbezogene Dienstleistung von Menschen für Menschen erbracht werden und ohne Beziehungsorientierung nicht machbar sind.

Der »9.9 Führungsstil« *(Team-Management)*
Der erstrebenswerteste Führungsstil ist natürlich der »9.9 Führungsstil«, der durch eine hohe Mitarbeiter- und Aufgabenorientierung gekennzeichnet ist. Dieser Führungsstil führt zu hohen Arbeitsleistungen **und** zufriedenen Mitarbeitern, da das Arbeitsklima gut ist und die Ziele des Unternehmens und der Mitarbeiter übereinstimmen.
Doch gibt es in der Realität Zielkonflikte, so dass dieser Führungsstil eher einem Idealtypus entspricht.

Der »5.5 Führungsstil« *(Middle of the Road-Management)*
Beim »5.5 Führungsstil« wählt die Führungsperson einen Kompromiss zwischen Leistungs- und Beziehungsorientierung. Dieser als »Middle of the Road« bezeichnete Führungsstil ist durch ein ständiges Pendeln zwischen den Zielen des Unternehmens und dem Bemühen, die Mitarbeiter zufrieden zu stellen, gekennzeichnet. Gerade im sozialen Sektor ist dieser Führungsstil weit verbreitet. Die Ergebnisse sind befriedigend.

Fazit:
Das Verhaltensgitter nach Blake/Mouton ergänzt in übersichtlicher Form die eindimensionalen Ansätze. Doch werden Zielkonflikte und andere situative Komponenten nicht berücksichtigt. So erleben wir zurzeit im sozialen Sektor, dass Führungskräfte, die in der Vergangenheit einen »Country Club« oder »Middle of the road« Führungsstil pflegten, in einer schwieriger werdenden Situation, äußere Zwänge weiterleiten und zunehmend autoritär auftreten.
Solche situativen Komponenten werden im »3 D Modell« von Reddin oder in der »Reifegradtheorie« von Hersey/Blanchard berücksichtigt.

2.2.2.3 *Dreidimensionale (situative) Führungsstile*

Im dreidimensionalen Führungsstilen werden neben der ersten Dimension (Verhältnis: Führungskraft/Mitarbeiter) und der zweiten Dimension (Aufgaben/Mitarbeiterorientierung) als dritte Dimension, situative Komponenten berücksichtigt.

2.2.2.3.1 *Das 3 D-Modell von Reddin*

Kerngedanke des 3 D-Modells von Reddin (1970, 1981) ist, dass die **Effektivität** eines Führungsstils von der Situation abhängig ist. Ein bestimmter Führungsstil kann also in der einen Situationen effektiv und in der anderen ineffektiv sein.

Reddin unterscheidet folgende Basisstile:
- Verfahrensstil *(Separated)*
- Beziehungsstil *(Relationships)*
- Aufgabenstil *(Task)* und
- Integrationsstil *(Integrated)*

Jeder dieser Stile kann je nach Situation effektiv oder ineffektiv genutzt werden.

Der **verfahrensorientierte** Manager orientiert sich primär an Verfahren, Methoden und Systemen. Dieser Führungsstil ist in bürokratischen Strukturen sinnvoll und effektiv (»Bürokrat«). In anderen Zusammenhängen, z. B. in teamorientierten Strukturen, dagegen weniger effektiv. Menschen, die den Verfahrensstil partizipieren, können hier schnell zu ineffektiven

2.2 Personalführung

Abb. 10: Das 3 D-Modell der Führung nach Reddin (Staehle 1999, 843)

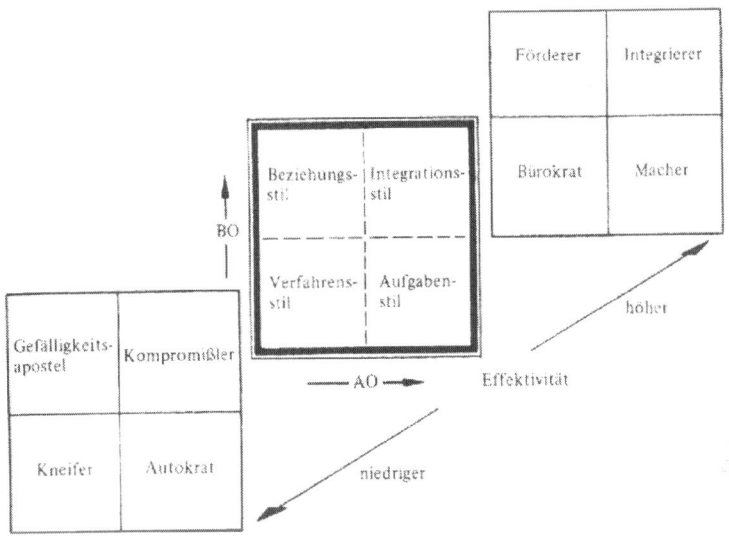

»Kneifern« werden, die sich sobald Probleme auftreten, auf formale Verfahren zurückziehen.

Im teamorientierten Strukturen ist der **beziehungsorientierte** Manager erfolgreicher. Idealtypisch wird er zum »Förderer«, berücksichtigt Mitarbeiterbedürfnisse und betont gute zwischenmenschliche Beziehungen. Doch besteht die Gefahr, dass ein beziehungsorientierter Manager schnell in Situationen kommt, in denen er zum »Gefälligkeitsapostel« wird, der den Interessen und Erwartungen der Mitarbeiter und ihrer Zufriedenheit zu breiten Raum gibt und die Aufgabenerreichung vernachlässigt.

Auch im sozialen Sektor sind zurzeit »Macher« d.h. **aufgabenorientierte** Manager gefragt, die die sich am Leistungsergebnis orientieren. Sie setzen sich idealtypische, anspruchsvolle aber dennoch realistische Ziele. Doch auch dieser Führungsstil ist situationsabhängig. So besteht die Gefahr, dass aufgabenorientierte Manager Mitarbeiter schnell überfordern und zu »Autokraten« werden.

Als letztes tritt der **integrationsorientierte** Manager auf die Bühne. Als »Integrierer« versucht er, eine Balance von Menschen und Aufgaben herzustellen und partizipiert einen kooperativen Führungsstil im Lewinschen Sinne. Doch besteht hier die Gefahr, dass er schnell zum »Kompromißler« wird.

Führungsstile sind nicht per se gut oder schlecht, sondern unter bestimmten Bedingungen effizient und unter anderen Bedingungen ineffizient. Zu diesen Bedingungen gehören die Arbeitsanforderungen, Führungsstile der Vorgesetzen oder das Verhalten von Kollegen und Mitarbeitern. Eine Erkenntnis der Forschungen von Reddin besteht darin, dass Führungsstil und Führungssituation zueinander passen müssen, um gute Ergebnisse zu erzielen.

Die Reifegradtheorie von Hersey/Blanchard

Der Ansatz der situativen Führung *(Situational Leadership)* nach Hersey/Blanchard (1977) knüpft an die Vorstellungen von Reddin an, und nimmt neben den Dimensionen Aufgaben- und Personenorientierung, als dritte situative Dimension die Effektivität mit auf. Für Hersey/Blanchard ist ein Manager, der sich situationsgerecht verhält, automatisch effektiv.

Abb. 11: *Das situative Führungsstilmodell nach Hersey/Blanchard*

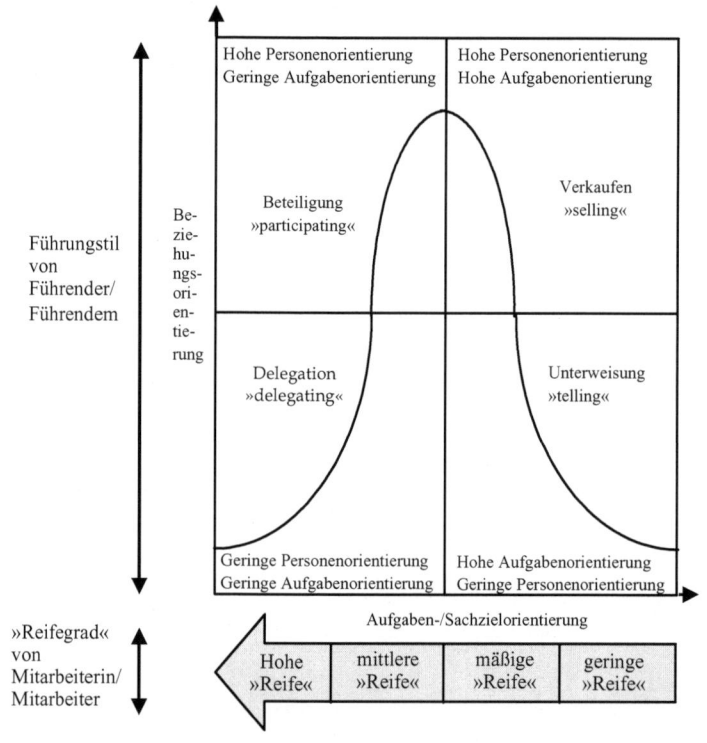

Zum situationsgerechten Verhalten gehört bei diesem Typus ein dem »Reifegrad« der Mitarbeiter angepasstes Verhalten. Die »Reife« *(Maturity)* der Mitarbeiter, wird bspw. durch Indikatoren wie Leistungswille und -fähigkeit, Ausbildung und Erfahrung, arbeitsrelevante Kenntnisse oder Selbstsicherheit und -achtung (psychologische »Reife«) gekennzeichnet
Für Mitarbeiter mit geringer »Reife« (Motivation, Wissen, Fähigkeiten fehlen) fordern Hersey/Blanchard einen autoritären Führungsstil *(Directing)* und den Einsatz von Macht durch Bestrafung. Die Führungskraft sollte einen Führungsstil pflegen, der durch eine hohe Aufgaben- und eine

geringe Personenorientierung gekennzeichnet ist und die Mitarbeiter unterweisen *(Telling).*

Mitarbeiter mit geringer bis mäßiger »Reife« (Motivation, aber fehlende Fähigkeiten) sollen geführt werden, indem Macht durch Belohnung eingesetzt wird. Es kommt der integrierende Führungsstil *(Coaching)* mit einer hohen Personen- und Aufgabenorientierung zum Tragen. Im Schaubild ist er durch das Schlagwort »Verkaufen« *(Selling)* gekennzeichnet

Mitarbeiter mit mäßiger bis hoher »Reife« mit hohen Fähigkeiten, aber fehlender Motivation sollen durch Vorbildmacht mit einem partizipativen Führungsstil *(Supporting)* geführt werden. Dieser Führungsstil hat eine hohe Personen- und eine geringe Aufgabenorientierung und ist in der Grafik durch das Schlagwort »Beteiligung« *(Participating)* gekennzeichnet.

Mitarbeiter mit hoher »Reife«, hoher Motivation, mit hohem Wissen und Fähigkeiten sollen durch Expertenmacht *(Delegating)* geführt werden. In dem durch eine geringe Aufgaben- und Personenorientierung gekennzeichnete Quadranten kommt der Delegationsstil zum Tragen.

Das »Reifegradmodell« stellt hohe Anforderungen an die Führungskraft und geht davon aus, dass Führungskräfte in der Lage sind, je nach »Reifegrad« der Mitarbeiterinnen einen passungsfähigen Führungsstil zu pflegen. Dies ist in der Praxis aber kaum umsetzbar. Auch stellt sich die Frage nach anderen situativen Bedingungen. Auch ein sehr »reifer« Mitarbeiter kann in einer schwierigen Situation keine guten Ergebnisse erbringen. Oftmals ist gerade dann kein Delegationsstil gefragt, sondern das Engagement und Handeln der Führungskraft.

Menschliches Verhalten in Typologien zu strukturieren bringt immer Schwierigkeiten mit sich, wenn man sie rigide anlegen will. Menschen handeln nicht immer rational oder nach Typologien, daher sind die vorgestellten Führungsstile nur als strukturierte Orientierung und nicht als Rezepte zu verstehen.

Während die Führungsstile die Persönlichkeit von Führungskraft und Mitarbeiter berücksichtigen, abstrahieren Führungstechniken hiervon und orientieren sich lediglich an der Führungssituation.

2.2.3 *Führungstechniken (Management by Techniken)*

Es gibt eine Vielfalt von Führungstechniken, die aber oftmals lediglich Variationen der im Folgenden vorgestellten drei Techniken sind:

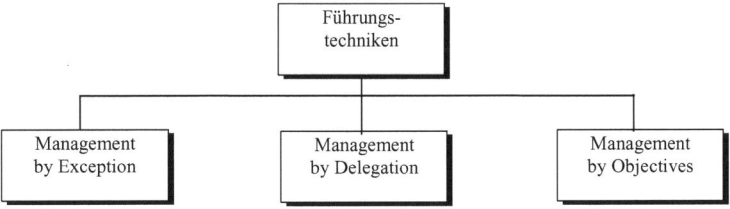

2.2.3.1 Management by Exception

... nur in Ausnahmefällen eingreifen

Mit dem Begriff Management by Exception wird eine sehr verbreitete Führungstechnik gekennzeichnet, bei der die Führungsperson nur in Ausnahmefällen eingreift.

Ziel der Führungstechnik ist es, die Führungskraft von Routinetätigkeiten zu entlasten und gleichzeitig den Mitarbeitern den Entscheidungsspielraum zugeben, den sie benötigen, um ihre Arbeit effizient bewerkstelligen zu können.

Voraussetzung für die erfolgreiche Umsetzung sind,
1. dass Aufgaben auch wirklich delegiert,
2. Regel- und Ausnahmefall klar und eindeutig definiert werden,
3. der Handlungs- und Ermessensspielraum der Mitarbeiter festgelegt,
4. notwendige Kompetenzen übertragen werden und
5. geklärt wird, wann und wie die Führungskraft zu informieren ist.

Idealtypisch ergibt sich der folgende Ablauf:

Abb. 12: Management by Exception (Olfert 2005, 246)

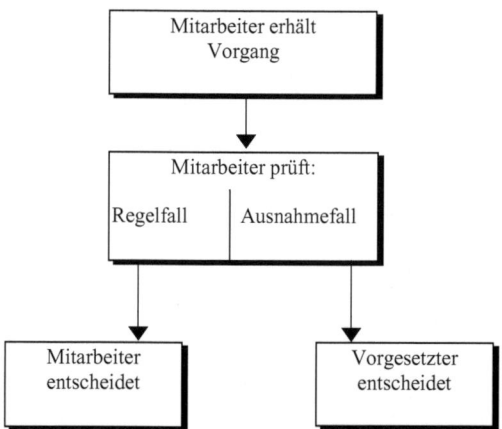

Ein Vorteil dieses Typus liegt darin, dass die Führungsebene entlastet wird und sich somit auf ihre eigentliche Aufgabe das Entscheidungshandeln, konzentrieren kann. Ein weiterer Vorteil ergibt sich aus der Tatsache, dass selbstständig arbeitende Mitarbeiter oftmals motivierter sind als Mitarbeiter, die detaillierte Anweisung erhalten.

Doch ist dieser Ansatz nur auf Teilbereiche des Führungshandelns anwendbar. Auch gibt es oftmals Probleme bei der Abgrenzung von Regel- und Ausnahmefällen. Nicht immer ist klar ersichtlich, wann es sich um einen Regel- und wann um einen Ausnahmefall handelt. Es besteht die Gefahr, dass Mitarbeiter sich zu oft rückversichern, beziehungsweise Füh-

2.2 Personalführung

rungskräfte zu oft intervenieren und somit das System konterkariert wird. Weiterhin besteht die Gefahr, dass sehr viel Zeit und Energie in die Definition der Abgrenzung von Regel- und Ausnahmefall und in die entsprechende Erstellung von Indikatoren und Kontrollziffern und ein umfangreiches Berichtswesen investiert wird.

Eine weitere Gefahr besteht darin, dass sich die Mitarbeiter auf Routineprozesse konzentrieren und neue innovative Ansätze lediglich als negativen Ausnahmefall, als Störfaktor, wahrnehmen werden.

Eine Grundvoraussetzung des Management bei Exception ist die Bereitschaft der Führungskraft zur Delegation.

Abb. 13:   Die Delegation (v. Rosenstil 2002, 75)

Jede Führungskraft ist darauf angewiesen, Aufgaben an sachkompetente Mitarbeiter zu delegieren. Wenn sie versucht, alles alleine zu erledigen, wird sie unproduktiv. Die Delegation steht im Mittelpunkt der folgenden Führungstechnik.

2.2.3.2 *Management by Delegation*

Das Management by Delegation geht über den Ansatz des Management by Exception hinaus, da nicht nur Routineaufgaben übertragen werden, sondern der Anspruch besteht, auch anspruchsvolle Aufgabenbereiche zu delegieren.

Aufgaben delegieren

Die Führungstechnik erfolgt in folgenden Stufen:

1. Delegation der Aufgaben, Kompetenzen und Handlungsverantwortung an die Mitarbeiter

Die zu delegierenden Aufgaben sollten nicht zu kleinteilig, aber dennoch handhabbar sein. Welche Aufgabenbereiche delegierbar sind, ist insbesondere von den Qualifikationen und Fähigkeiten der Mitarbeiter abhängig. Weitere Voraussetzungen ergeben sich aus der Kultur der Organisation. Eine wichtige Voraussetzung dieser Führungstechnik ist die Bereitschaft und Fähigkeit der Führungskraft, Aufgaben zu delegieren. Auch die Struktur der Organisation ist zu berücksichtigen. Das Management by Delegation ist in technostrukturierten Linien- oder Stablinienorganisationen mit klar voneinander abgegrenzten Hierarchieebenen eher einsetzbar, als z.B. in soziostrukturierten Einrichtungen. Zu beachten ist, dass die Verantwortung weiterhin bei der Führungskraftkraft bleibt.

Nicht delegiert werden sollten typische Führungsfunktionen und Aufgaben mit weit reichenden Konsequenzen.

2. Ausschluss der Zurück- oder Weiterdelegation und Festlegung von Ausnahmeregelungen, bei denen der Vorgesetzte eingreifen darf.

Der Mitarbeiter sollte die ihm übertragenen Zuständigkeiten nicht zurückgeben dürfen und der Vorgesetzte nur in klar abgegrenzten Ausnahmefällen in den Zuständigkeitsbereich des Mitarbeiters eingreifen können.

3. Schaffung eines Informations-, Controlling- und Evaluationssystems

Das Informations-, Controlling- und Evaluationssystem dient insbesondere der Selbst- und Erfolgskontrolle.

Führungspersonen entlasten und Mitarbeiter motivieren

Durch die Anwendung der Führungstechnik Management by Delegation sollen Führungspersonen entlastet und Mitarbeiter motiviert werden, Eigeninitiative zu entwickeln und Verantwortung zu übernehmen. Idealtypisch kommt es zu einer Aufgabenverteilung der unterschiedlichen Hierarchiestufen, in der die jeweils zuständige Hierarchiestufe eigenverantwortlich handelt und die übergeordnete Ebene nicht mehr beansprucht. Da Entscheidungen von den im jeweiligen Kontext am besten informierten Mitarbeitern getroffen werden, kommt es idealtypisch zu schnelleren und sachgerechteren Entscheidungen und somit zu einer Verbesserung der Effektivität der Organisation.

Doch Theorie und Praxis klaffen oftmals auseinander. So hat sich beispielsweise gezeigt, dass viele Führungskräfte vorhandene Spielräume zu wenig nutzen und eher widerwillig, beziehungsweise in unzureichendem Maß Aufgaben delegieren oder aber Verantwortungen und Kompetenzen übertragen, die nicht den delegierten Aufgabenbereichen entsprechen. Hinzu kommt, dass viele Mitarbeiter unterfordert, überlastet oder nicht ausreichend informiert werden.

Dennoch gehört das Management by Delegation gerade in der Sozialwirtschaft zu den erprobtesten und bewährtesten Führungstechniken, die oftmals durch das Management by Objectives ergänzt wird.

2.2 Personalführung

Abb. 14: Durchgängigkeit des Delegationsprinzips (v. Rosenstil 2002, 79)

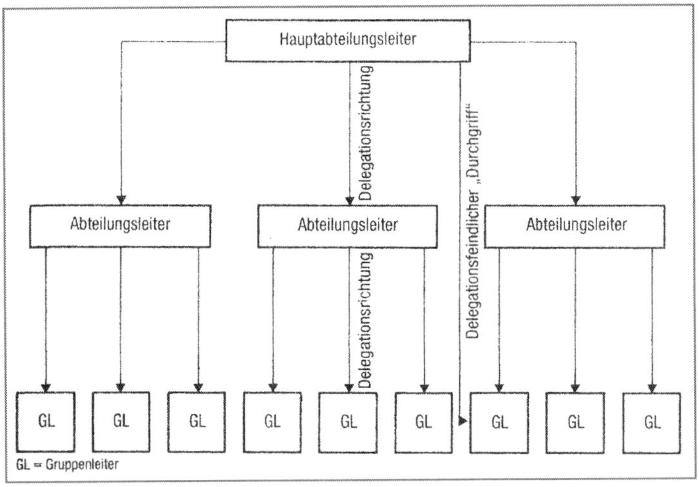

Abb. 15: Dimensionierung von Aufgaben, Kompetenzen und Verantwortungen (Olfert 2005, 245)

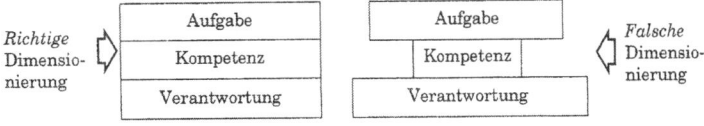

2.2.3.3 Management by Objectives

Eine wesentliche Ergänzung des Management by Delegation ist das Management by Objectives (Führen durch Zielvereinbarungen). Kern des Ansatzes ist die Vereinbarung von Zielen in einem partizipativen Prozess im Rahmen von Zielvereinbarungsgesprächen. Entscheidend ist, dass die Ziele nicht von der Führungskraft vorgegeben, sondern gemeinsam mit den Mitarbeitern entwickelt und formuliert werden. Für die Erreichung der Ziele und die Umsetzung der erforderlichen Maßnahmen sind dann die Mitarbeiter im Rahmen ihrer Arbeitsbereiche selbst verantwortlich.

Eine Voraussetzung für diese Führungstechnik sind Organisationsformen mit klar abgegrenzten Arbeitsbereichen der Mitarbeiter[5] und die Möglichkeit, neben der Delegation von Aufgaben und Handlungsverantwortung auch die hierfür notwendigen Kompetenzen und Befugnisse an die Mitarbeiter übertragen zu können. Weiterhin sind entwickelte Planungs-, Informations- und Kontrollsysteme erforderlich.

Führen durch Zielvereinbarungen

---

5   Die Aufgabebereiche und Zuständigkeiten werden aus den jeweiligen Stellenbildern abgeleitet.

Aufgabe der Führungskraft ist, neben der Zielvereinbarung, die Übertragung von Ressourcenkompetenzen und die Kontrolle der Ziele, nicht aber die Kontrolle der Einzelmaßnahmen. Sie unterstützt die Mitarbeiter bei der Zielerfüllung und führt Förder- und Beratungsgespräche, in denen bspw. die Gründe für das Nicht-Erreichen von Zielen erörtert werden.
Das Management by Objectives ist ein permanenter Prozess, dessen Ablauf in folgender Weise dargestellt werden kann:

Abb. 16: *Management by Objectives als Kreislaufschema (Odiorne 1967, 102, zitiert in Stahle 1999, 854)*

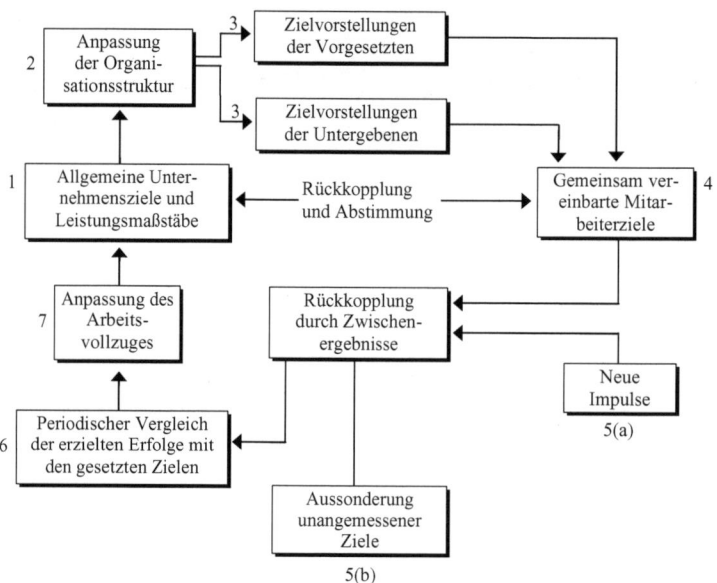

Im Rahmen dieses Verhandlungs- und Abstimmungsprozesses werden Teil- und Einzelziele und die entsprechenden zuzuordnenden Leistungen, Maßnahmen und Qualitätsstandards, aber auch die benötigten Kompetenzen und Ressourcen und die notwendigen Indikatoren zur Zielerreichung beziehungsweise zur Zielüberprüfung ebenso festgelegt, wie Verfahren und Konsequenzen bei Nicht oder Schlechterfüllung der Ziele.

Bei den Zielbestimmungen gilt es den Inhalt, das Ausmaß und den zeitlichen Rahmen der jeweiligen Ziele gemäß der Smart-Formel:

- **s**pezifisch,
- **m**essbar,
- **a**kzeptabel,
- **r**ealistisch und
- **t**erminiert

präzise zu formulieren. Es muss also klare Vorstellungen darüber geben, was erreicht werden soll und wie das Erfassen der Ergebnisse gesichert wird, um Erfolg oder Misserfolg messen zu können. Allerdings sollte auch darauf geachtet werden, dass die Vereinbarungen nicht zu starr sind. Ziele sollten nicht als feststehende Größen betrachtet werden, sondern sich an veränderte Strukturen anpassen können.

Die Ziele bilden ein aus Ober- und Unterzielen bestehendes Zielsystem, wobei die Oberziele in der Regel vorgegeben werden. Es handelt sich um Unternehmensziele, die den Rahmen für die Zielvereinbarung vorgeben.
Je nach Arbeitsfelder und Organisationsform ergeben sich unterschiedliche Zielsysteme. Geht es um Projekte, so werden Zielpyramiden mit Grundsatz – Rahmen- und Ergebniszielen und Meilensteinen zur Zielüberprüfung festgelegt.

Abb. 17: Zielpyramide

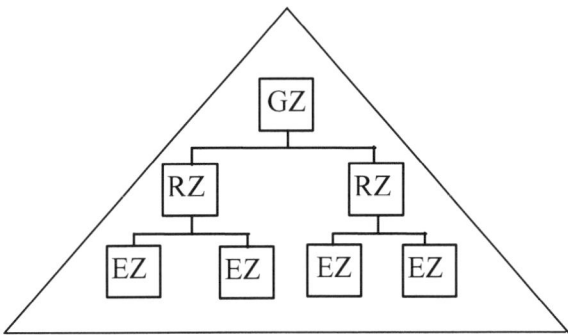

Für Mitarbeiter in Linienfunktionen können zeitlich strukturierte Zielsysteme entwickelt werden. Sie bestehen aus Jahres- und Monats- bzw. Quartalszielen.

1. Jahresziele:
Einmal im Jahr werden in einem Jahresmitarbeitergespräch die Ziele des vergangenen Jahres evaluiert und Ziele für das neue Jahr festgelegt. Die Zielvereinbarungen orientieren sich am jeweiligen Stellenbild und die Beurteilungen, und Entlohnungen der Mitarbeiter orientieren sich am Erreichen oder Nichterreichen der vereinbarten Ziele. Die individuelle Karriere baut somit auf Ergebnissen und nicht auf dem Dienstalter oder formalen Ausbildungsabschlüssen auf.

2. Monats- oder Quartalsziele:
Auf der Grundlage der Jahreszielplanung wird in monatlich bzw. quartalsweise stattfindenden Mitarbeitergesprächen evaluiert, welche Ziele des Vormonats/Quartals erreicht und welche nicht erreicht werden konnten (Soll/Ist-Abgleich) und wie im weiteren zu verfahren ist. In einem zweiten

Schritt werden die Ziele für den Folgemonat, bzw. das Folgequartal festgelegt.

Ein Vorteil des Managements by Objectives besteht darin, dass Führungskräfte entlastet werden und die Motivation der Mitarbeiter gesteigert wird. Sie sind für die Umsetzung der jeweiligen Maßnahmen allein verantwortlich, können Verantwortung übernehmen und Eigeninitiative entwickeln. Der individuelle Freiraum der Gestaltung der Arbeitsprozesse und der Verfolgung individueller Arbeitsziele wird erhöht. Gleichzeitig ermöglicht das System eine leistungsgerechte Beurteilung und Entlohnung der Mitarbeiter.

Durch den Zielvereinbarungsprozess wird die Identifikation mit dem Unternehmen und seinen Zielen verbessert und gleichzeitig die Eigeninitiative, Leistungsmotivation und Verantwortungsbereitschaft der Mitarbeiter gefördert

Die Führungstechnik basiert auf realisierbaren, möglichst exakten und gleichzeitig möglichst flexiblen Zielvorgaben, die es im sozialen Sektor aufgrund struktureller Rahmenbedingungen oftmals nicht gibt. Die personenbezogene Dienstleistungsproduktion hat mit Bezügen zu tun, die sich einer exakten Betrachtung oder gar einer Messung entziehen. Oftmals ist es deshalb nicht möglich, präzise Ziele zu formulieren.

Der Entlastung der Führungskraft im operativen Geschäft stehen Koordination und Abstimmungsaufgaben mit anderen Abteilungen und Bereichen gegenüber. Zielkataloge müssen abgestimmt und koordiniert werden. Es besteht die Gefahr, dass vor lauter Zielplanung, Monitoring oder Controlling die eigentliche Arbeit vergessen wird. Eine weitere Gefahr besteht darin, dass nur Ziele formuliert werden, die operationalisierbar sind und andere wichtigere Ziele aus dem Blick geraten, oder das an Zielen festgehalten wird, obwohl sich die Rahmenbedingungen schon längst verändert haben.

Auch gibt es auf der Ebene der Mitarbeiter unterschiedliche Fähigkeiten und Ressourcen. Nicht jeder Mitarbeiter zeigt Eigeninitiative und möchte Verantwortung übernehmen. Das an Zielen orientierte Beurteilungssystem kann dazu führen, dass nur noch im Hinblick auf messbare Ziele gearbeitet wird und der Sinn der Tätigkeit aus dem Auge verloren wird. Es werden dann beispielsweise möglichst viele Klienten beraten, wenn es hierfür Leistungspunkte gibt, unabhängig von der Notwendigkeit der Beratungen.

Es besteht also die Gefahr, dass das System kontraproduktiv wird, doch sicherlich ist es weitaus effektiver als die »Führungstechniken der anderen Art«, die im Folgenden mit einem Schmunzeln vorgestellt werden:

Management by Nilpferd:	Auftauchen, Maul aufreißen, wieder untertauchen!
Management by Känguru:	Mit leerem Beutel große Sprünge machen.
Management by Terror:	Ziele setzen und Mittel verweigern.
Management by Potatoes:	Rein in die Kartoffeln – raus aus den Kartoffeln.

Management by Moses:	Volk in die Wüste schicken und auf Wunder warten.
Management by Dübel:	Lücke erkennen, schnell »reinquetschen« und sofort breit machen.
Management by Champignon:	Mitarbeiter im Dunkeln lassen, von Zeit zu Zeit mit Mist bestreuen und, wenn sich Köpfe zeigen, sofort absäbeln.
Management by Crocodile:	Bis zum Hals im Dreck stecken, aber das Maul groß aufreißen.
Management by Chromosom:	Führungsqualifikation ausschließlich durch Vererbung.
Management by Helicopter:	Über allem schweben, von Zeit zu Zeit auf den Boden kommen, viel Staub aufwirbeln und darin wieder ab in die Wolken.
Management by Harakiri:	Souveräne und dauernde Missachtung aller Gegebenheiten.
Management by Jeans:	An allen wichtigen Stellen sitzen Nieten.
Management by Ping-Pong:	Jeden Vorgang so lange hin- und herleiten, bis er sich von selbst erledigt hat.
Management by Margerite:	Entscheidungsfindung nach dem System: »Soll ich – soll ich nicht?«
Management by Partisan:	Selbst die engsten Mitarbeiter falsch informieren, damit die eigenen Ziele nicht erkennbar sind.
Management by Surprise:	Erst handeln, dann von den Folgen überraschen lassen.
Management by Herodes:	Intensiv nach dem geeignetsten Nachfolger suchen und dann feuern.
Management by Kette:	Loch an Loch, aber es hält doch!
Management by Robinson:	Alle warten auf Freitag.

(vgl. www.wischnewski-online.de)

2.3 Fazit: Veränderungen des Führungsverständnisses

Das Führungsverständnis ist abhängig von gesellschaftlichen Rahmenbedingungen, die sich kontinuierlich ändern. Nicht nur die Werte der Mitarbeiter (Kapitel 2.1) haben sich im Laufe der Zeit verändert, sondern auch Führungsmodelle (Kapitel 2.2.1), Führungsstile (Kapitel 2.2.2) und Führungstechniken (Kapitel 2.2.3).

Wunderer fasst diese Veränderungen des Personalmanagements in der zweiten Hälfte des 20. Jahrhunderts treffend in einer Analyse zur Tier-Mensch-Beziehung zusammen, mit der der erste Teil des Buches abschließt:

In der Zeit des Wiederaufbaus wurde sehr aufgabenorientiert geführt. Fragen der Mitarbeitermotivation waren untergeordnet. In technostrukturierten Organisationen herrschte ein autokratisches, befehlsorientiertes *(Sitz, Platz)* **Schäferhundverhalten** der Führungskraft. Es wurde durch ein an der Auftragstaktik orientiertes **Jagdhundverhalten** abgelöst, bei dem die Mitarbeiter einen größeren Entscheidungsspielraum erhielten *(apportiere das Wild)*. In den siebziger und den achtziger Jahren gewann die teamorientierte **Huskyführung** an Bedeutung *(lass uns gemeinsam den Schlitten ins Ziel bringen)* bei der die Führungskraft auch operativ unterstützend tätig ist. Seit Ende der achtziger Jahre werden selbständige Mitarbeiter im Sinne einer **Katzenführung** *(die Katze kann selbst entscheiden wo, wann und wie die Maus gefangen wird)* delegativ geführt und neuerdings sind **gestiefelte Kater** gefragt, die, wie im Märchen, immer wieder neue Problemlösungen für den Auftraggeber entwickeln. (Wunderer 2003, 190-192)

Abb. 18: *Führungsverhalten im Wandel der Zeiten – metaphorisch betrachtet (Wunderer 2003, 191)*

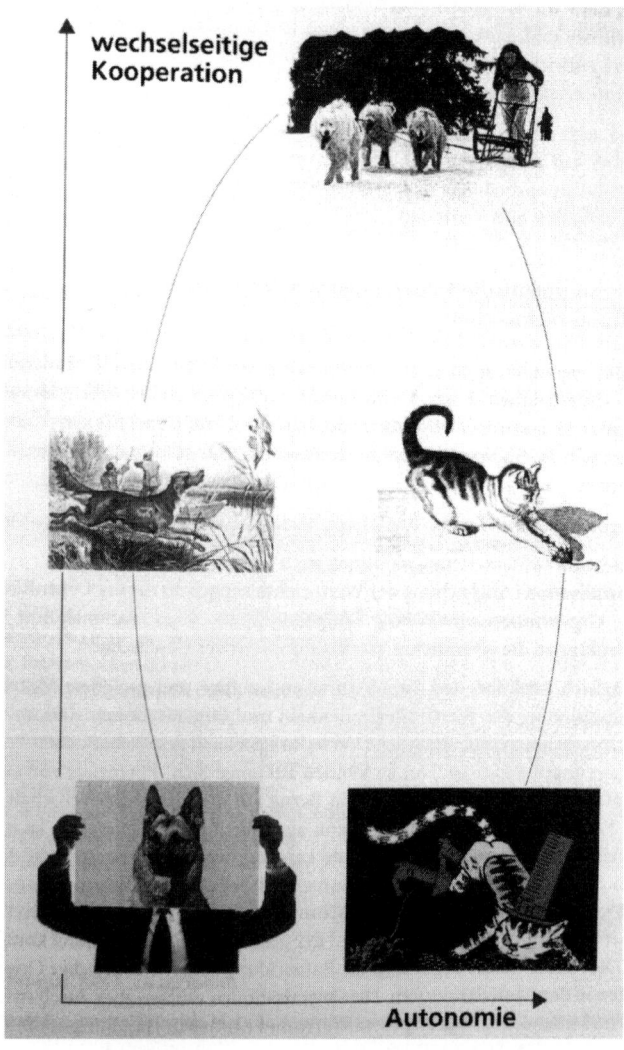

Fragen zu Kapitel 2:

1. Welcher Wertewandel ist in der Sozialwirtschaft feststellbar?
2. Was verstehen Sie unter Führungsmodellen, Führungsstilen und Führungstechniken?
3. Zu welchen Aussagen kommt das kontingenztheoretische Modell von Fiedler?
4. Was ist die Kernaussage inhaltsorientierter Motivationstheorien?
5. Was ist die Kernaussage prozessorientierter Motivationsansätze?
6. Was ist die Kernaussage der Führungstheorien der rationalen Wahl?
7. Wovon gehen Führungstheorien begrenzt rationaler Wahl aus?
8. Was ist die Kernaussage des Inkrementalismus?
9. Was ist die Aussage des Konflikt-Modells der Führung?
10. Was ist die Aussage des Politik-Modells der Führung?
11. Was ist die Kernaussage des Führungsmodells der organisierten Anarchie?
12. Wovon gehen klassische Führungsstile aus?
13. Wie unterscheiden sich zweidimensionale Führungsstile von den eindimensionalen Führungsstilen?
14. Wie unterscheiden sich dreidimensionale Führungsstile von zweidimensionalen Führungsstilen?
15. Wie unterscheiden sich das 3 D-Modell von Reddin und die Reifegradtheorie von Hersey/Blanchard?
16. Was ist der Kerngedanke des Management by Exeception?
17. Wie unterscheidet sich das Management by Delegation vom Management by Execption?
18. Was ist die Kernaussage des Management by Objektives?

3 Personalwirtschaft im Sinne einer Systemgestaltung (G. Kortendieck)

3.1 Personalwirtschaft und Unternehmensstrategien im Dienste der Systemgestaltung

Welche Aufgaben hat die Personalwirtschaft in einer Einrichtung? Wie weit ist sie in die allgemeine Unternehmensstrategie mit eingebunden? Wie weit trägt sie zum Einrichtungserfolg bei?

market based oder resourced based view

Diese kontrovers diskutierten Fragen (vgl. Ridder/Hohn 2003; Conrad 2003; Scholz 2000) entzünden sich an der Einschätzung des Personals als **dispositiver/operativer Faktor**, der sich an den **Marktgegebenheiten auf dem Absatzmarkt** auszurichten hat **(market based view)**, oder als Ressourcen-Potential, das maßgeblich die **Wettbewerbsfähigkeit eines Unternehmens** beeinflusst **(resourced based view)**[6]. Angesichts der hohen Personalintensität im sozialen Dienstleistungsbereich scheint die Antwort relativ klar sich dem zweiten Ansatz zuzuwenden (v. Eckardstein/Ridder 2003).

Praxis?

In der Praxis erfahren allerdings viele MitarbeiterInnen, dass Personal wie Sachmittel zwar als produktiver aber auch eben als kostenintensiver Faktor angesehen werden, deren Verwendung von den betrieblichen Zielen bestimmt werden.

Aus diesen Gründen ist es zweckmäßig, zunächst den Zusammenhang zwischen Unternehmensstrategien und Personalstrategien zu unterscheiden:

Ausdruck der marktbasierten Sichtweise ist der sog. **MICHIGAN-Ansatz** von Fombrun/Tichy/Devanna (1984).

Personalwirtschaft orientiert sich in Strategie und Ausführung an den verfolgten Einrichtungszielen. Die personalwirtschaftlichen Funktionen sind Gewinnung, Honorierung und Entwicklung. Mit der **Bezugsbasis Ergebnis** werden alle drei Funktionen über die **Personalbeurteilung** miteinander verbunden.

Wettbewerbsstrategien

Nach dem Strategiekonzept von Porter (1999) verfügen Unternehmen über zwei grundsätzlich unterschiedliche Absatzmarktstrategien. Entweder sie unterscheiden sich in der Art (durch Innovationen) und Qualität ihres Angebotes vom Wettbewerber, oder aber durch günstigere Preise und Absatzbedingungen. Letzteres gelingt auf Dauer indes nur, wenn man günstigere oder noch besser die günstigsten Kostenstrukturen aufweisen kann. Vereinfachend werden die erste Strategie als **Qualitäts-(führer)Strategie**, die zweite als **Kosten-(führer)Strategie** bezeichnet.

Beide Strategien implizieren völlig unterschiedliche Personalstrategien und Führungsstile. Innovations- und Qualitätsstrategie setzen auf kooperative Führung, Handlungsspielräume und hohe methodische und soziale Kompetenz der Mitarbeiter. Eine reine Kostenorientierung dagegen

---

6   Siehe Kapitel 1.1.3.

3.1 Strategisches Personalmanagement im Dienste der Systemgestaltung

Abb. 19: Strategische Personalwirtschaft

1. Personalstrategie und Unternehmensstrategie sind unabhängig von einander (**Autonomieperspektive**)	Unabhängig von den betrieblichen Strategien und Zielen optimiert das Personalmanagement Beschaffung, Einsatz und Entwicklung. Typisch für Monopolsituationen, die keine Beschränkungen durch Finanzmittel befürchten muss.
2. Die Personalstrategie resultiert aus der Unternehmensstrategie (**market based view**)	Die Personalstrategien ordnen sich den absatzmarktorientierten Zielen unter. Orientiert sich die Einrichtung am Qualitätswettbewerb, dominiert die Personalentwicklung, orientiert sie sich am Preis das Personalkostenmanagement.
3. Die Personalstrategie – dominiert die Unternehmensstrategien (**resource based view**)	Die Fähigkeiten und die Motivation des Personals stellen die entscheidenden Wettbewerbsfaktoren dar.
4. Personal- und Unternehmensstrategie werden integrativ festgelegt (**HARVARD-Ansatz**)	Durch Berücksichtigung der Mission und aller wichtigen Stakeholder werden Unternehmensstrategie und Personalstrategie simultan gedacht. Potentialentwicklung bewirkt Wettbewerbsvorteile; Marktänderungen müssen vom Personalmanagement mit aufgenommen und entsprechende Lösungen angeboten werden.

Abb. 20: Michigan-Ansatz

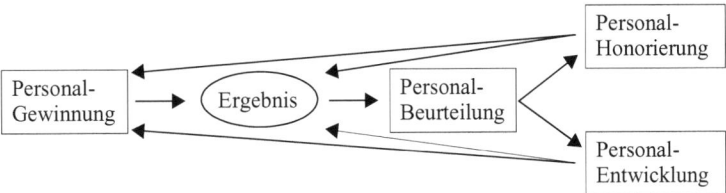

besagt, in klar strukturierten Arbeitsaufgaben eine straffe, mitunter autoritäre oder bürokratische Mitarbeiterführung und an Personalkosten ausgerichtete Strategie zu verfolgen.

Der ausschließlich am Absatzmarkt orientierte Ansatz ist nicht unwidersprochen geblieben. Personalstrategien lassen sich, da sie sich nicht nur an Menschen orientieren, sondern auch von Menschen gedacht, konzipiert und ausgeführt werden müssen, nur sehr langsam und vor allem nicht flexibel umsetzen. Als Weiterentwicklung des marktbasierten Ansatzes unterstellt der HARVARD-Ansatz (Beer et. al.), eine wechselseitige Beeinflussung von Unternehmens- und Personalstrategie[7]. Welche Strate-

---

[7] Hilb (2003) sieht darum Personalmanagement und Human Resource Management als gleich an, auch wenn letzteres als strategisches Personalmanagement angesehen wird.

Abb. 21: Strategietypen nach M. Porter 1999

Strategietyp	Merkmal	erforderliche Fähigkeiten und Mittel[a]	Personal-einsatz	Personal-entwicklung	Personal-entlohnung	Personal-bindung
Preisführerschaft ← **Kostenführerschaft**	• Leistungsvorsprung durch Kostenorientierung • Käufer orientiert sich am Preis • **PRODUKT-ORIENTIERUNG**	• Autoritäre, hierarchische Führung • »einfache« = standardisierbare Leistungsprozesse	• Arbeitsplätze mit geringen Handlungsspielräumen • Enge Karrierewege	• Geringe Bedeutung von Qualifikationen • Auf Spezialisierung und Effizienz ausgerichtet	• Orientierung an kurzfristigen Ergebnissen • Marktgerechtigkeit • **Mitarbeiter: Kostenfaktor**	• Geringe Bedeutung Job • Kurzfristige, befristete Arbeitsverhältnisse
Differenzierung ← **Qualitätsführerschaft**	• Käufer orientiert sich an der Qualität oder an der einzigartigen Lösung • **KUNDEN-ORIENTIERUNG**	• Leistungsinnovationen • Guter Ruf • Kooperatives Führungssystem	• Große Handlungsspielräume • Mitbestimmung am Arbeitsplatz	• Große Bedeutung von Qualifikationen • On-the-Job/off-the-job • **Mitarbeiter: Qualitätsfaktor**	• Geringe Variation der Gehälter • Hohe Sicherheit • Leistungs-/Verteilungsgerechtigkeit	• Große Bedeutung Beruf • Langfristige Arbeitsbeziehung

a. Die Kostenführerschaft korrespondiert mit einem autoritären oder bürokratischen Führungsstil, die Qualitätsführerschaft mit einem eher delegativen und kooperativen Führungsstil. Da es in einer Einrichtung bei verschiedenen Dienstleistungen zu unterschiedlichen Marktstrategien kommen kann, sind auch entsprechend dem situativen Führungsansatz mehrere Führungsstile in einer Einrichtung zu erwarten (siehe Kapitel 2.2.2).

gie dominant ist hängt von den Erwartungen der jeweiligen Stakeholder und von den situativen Anforderungen ab. Unter Einbeziehung der Kunden/Klientensicht und der Unterteilung der wichtigsten personalpolitischen Funktionen des MICHIGAN-Ansatzes stellt eine umfassende personalpolitische Strategie nach M. Hilb (2003) die Mission oder Vision der jeweiligen Einrichtung in den Mittelpunkt.

Der wesentliche Unterschied zwischen einer market-based und einer ressource based -Orientierung liegt in der Betonung der unterschiedlichen Märkte: beim market-based-Ansatz liegt die Betonung auf der Kundensicht und damit dem Absatzmarkt. Insbesondere in Zeiten knapper Kassen der Kostenträger dürfte diese Sichtweise eher als realistisch einzuschätzen sein als die Annahme, dass die Kostenträger zuerst auf die Qualität und nur nachrangig auf den Preis als Differenzierungsfaktor sehen. Im Gegenteil: häufig herrscht noch der Wunsch und die Überzeugung vor, eine Ausrichtung auf Qualität und nicht auf die Kosten sei marktadäquat. Erst drohende Insolvenz vermag dann die Strategie noch umzudrehen.

Beurteilung der richtigen Strategie

Abb. 22: Ganzheitliches Personalmanagement (Hilb 2003)

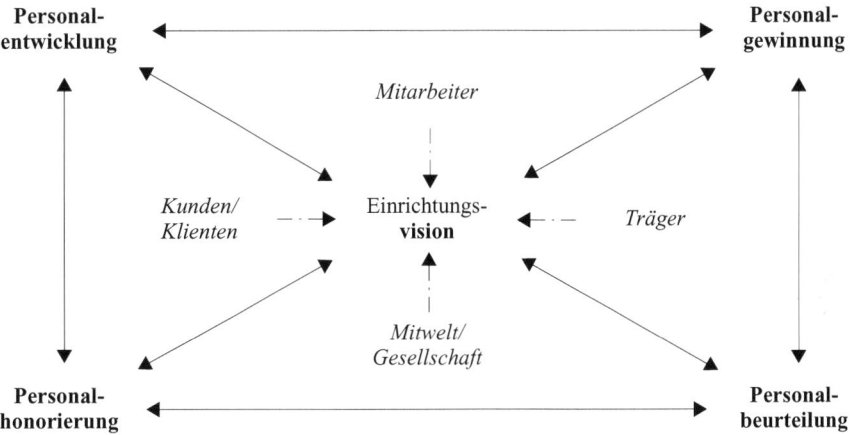

3.2 Personalplanung

3.2.1 Ziele der Personalplanung

Strategische Planung zielt immer auf einen Zeitraum ab, der länger ist als ein Jahr und meist vier und mehr Jahre umfasst. Die Festlegung auf eine Strategie zielt in der operativen Planung, die in der Regel ein Geschäftsjahr bestimmt, auf deren Realisierung ab. Deren Umsetzung entscheidet letztlich über den Erfolg der eingeschlagenen Strategie, sei es Differenzierung und das Verfolgen des Qualitätsanspruchs oder die Preisgünstigkeit, die ein striktes Kostenmanagement voraussetzt.

Aufgaben der Personalplanung

Im operationalen Bereich dominiert zuallererst die Personalplanung. Dies umfasst die Planung des notwendigen und effektiven Personalbedarfs, der Personalausstattung und des Personaleinsatzes:

Abb. 23: *Personalplanung*

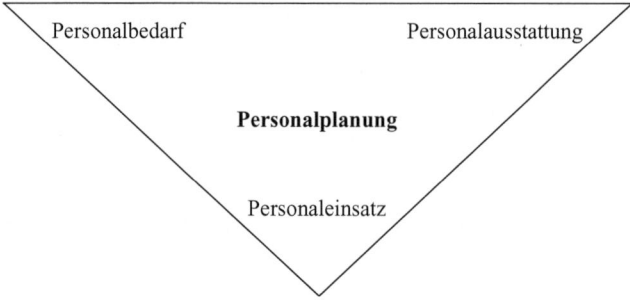

Ziele der Personalplanung

Ziele der Personalplanung sind für den Arbeitgeber:
- Rechtzeitige Verfügbarkeit der Ressource Personal
- Effizienter Einsatz des Personals
- Effektiver Einsatz des Personals
- Motivation[8] der Mitarbeiter durch leistungsgerechten Einsatz, sicheren Arbeitsplatz und Karrierechancen

Ziele der Personalplanung für die Arbeitnehmer
- Gewährleistung eines sicheren Arbeitsplatzes bzw. sicherer Beschäftigungsmöglichkeiten
- Aufzeigen und Ermöglichen von Aufstiegsmöglichkeiten
- Bessere Verdienstmöglichkeiten

Aus den drei Planbereiche: Bedarf, Ausstattung und Einsatz ergeben sich jeweils vier Konstellationen (Kossbiel/Muche 2004):

Personalbedarfsplanung

1. **Personalbedarfsplanung:**
   Gegeben: Personaleinsatzverhältnis; Arbeitsmenge
   Gesucht: optimale Personalausstattung

> **Beispiel:**
> Für die Betreuung von Jugendlichen in einer stationären Wohneinrichtung werden für vier neue Wohngruppen insgesamt 18 pädagogische und erzieherische MitarbeiterInnen auf Vollzeitbasis benötigt.

Personaleinsatzplanung

2. **Personaleinsatzplanung:**
   Gegeben: Personalbedarf und Personalausstattung,
   gesucht: optimaler Personaleinsatz

---

8 Siehe Kapitel 2.2.1.2.

3.2 Personalplanung

> **Beispiel:**
> Die Einrichtung selbst beschäftigt zurzeit 12 MitarbeiterInnen auf Vollzeitbasis, 10 MitarbeiterInnen auf Teilzeitbasis (halbe Stelle) und 6 MitarbeiterInnen als sog. Geringbeschäftigte mit jeweils einer Viertel-Stelle. Gesucht wird ein für die Betriebsbelange und die MitarbeiterInneninteressen optimaler Einsatzplan für alle Schichten, Nachtbetreuung, Wochenenddienste und Vertretungen.

3. **Personalbereitstellungsplanung:** *Personalbereitstellungsplanung*
   Gegeben: Personalbedarf
   Gesucht: optimales Verhältnis von Personalausstattung und Personaleinsatz

> **Beispiel:**
> Im obigen Beispiel überlegt die Verwaltungsleitung nach dem Ausscheiden von zwei Teilzeitkräften diese Stellen entweder durch eine Vollzeitstelle oder vier Geringbeschäftigtenstellen auf 400-€-Basis zu ersetzen.

4. **Personalverwendungsplanung:** *Personalverwendungsplanung*
   Gegeben: Personalausstattung
   Gesucht: optimale Kombination von Personalbedarf und Personaleinsatz

> **Beispiel:**
> Die Bildungseinrichtung Musterstadt beschäftigt insg. 10 Sozialpädagoginnen, deren bisheriges Arbeitsgebiet in der Betreuung und Vermittlung von Jugendlichen lag. Da sich die Betreuungsschlüssel so verschlechtert haben, dass nur noch acht Mitarbeiter benötigt werden, muss die Bildungseinrichtung, will sie alle Mitarbeiterinnen weiterbeschäftigen, die Arbeitszeiten aller oder einzelner Mitarbeiter anpassen. Dies kann durch Arbeitszeitreduzierung, Urlaub oder Fortbildung geschehen.

Die Planung schafft die Voraussetzung die Ziele des Personalmanagements zu identifizieren, ihren Beitrag zur Erreichung der Unternehmensziele zu bestimmen und die Effektivität personalwirtschaftlicher Maßnahmen zu evaluieren. Sie berücksichtigt dabei verschiedene Differenzierungskriterien: *Kriterien der Personalplanug*

➢ **Zeiten**
  - **Personalbedarf**: Beratungs- und Betreuungsaufwand, Dauer einzelner Arbeitsschritte, Wartezeiten, tageszeitabhängige Dienste (Vormittagsbetreuung bis Rund-um-die-Uhr Betreuung)
  - **Personalausstattung:** Vollzeit- und Teilzeitstellen, Honorarkräfte, Urlaubszeiten, Fehlzeiten, Überstunden, betriebliche Ausfallzeiten

- **Personaleinsatz:** Schichtdienste, Kernarbeitszeiten, flexible Arbeitszeitgestaltung
> **Einsatzorte**
- **Bedarf**: ambulante, teil-stationäre, stationäre Versorgung, Hausbesuche, Streetworking
- **Ausstattung:** Teamzusammensetzung; flexibler Personaleinsatz
- **Einsatz:** Stellenbeschreibung, Vertretungsregelung
> **Qualifikationen**
- **Bedarf:** ausgebildete/examinierte MitarbeiterInnen, Sonderqualifikationen, Fachkraftquote
- **Ausstattung:** tatsächliche vorgehaltene Qualifikationen, Kompetenzen, Potentiale
- **Einsatz:** differenzierte Einsatzplanung

Ferner sind in der Personalplanung rechtliche Anforderungen zu berücksichtigen (Frauen-, Behinderten-, Auszubildendenanteil).

Planung des Führunskräfteeinsatzes

Ein besonderes Problem der Personalplanung stellt die Planung der notwendigen Hierarchiestufen und damit der notwendigen Führungskräfte dar. Zum Teil wird dies konkret vom Auftraggeber eingefordert (Leitung hat eine pädagogische Mitarbeiterin zu sein), teilweise ergeben sich die Hierarchien aus der Tradition der Einrichtung, oder aber sie versuchen die Führungsaufgaben anhand der Führungsspanne[9], d.h. der Anzahl der jeweils zu führenden Mitarbeiter zu optimieren. Führungskräfte besitzen nur begrenzt zeitliche Kapazitäten, untergebene Mitarbeiter zu führen.

Führungskräfte führen durch Einzel- und Gruppengespräche. Neben den zahlreichen kurzen Gesprächen zur Information, Klärung von Sachverhalten und Anweisungen, dem sog. Small Talk über Wetter, Beziehungen und Tratsch finden eine Reihe von strukturierten Gesprächen statt, die entweder anlass- oder terminbezogen geführt werden. Schon allein wegen des Führungsaufwandes, mit allen Mitarbeitern bspw. Jahresgespräche durchzuführen, die durchaus eine bis zwei Stunden Zeit pro Gespräch umfassen können (insb. wenn sie Ziel- und Beurteilungsgespräche beinhalten), zeigt sich, dass Führungskräfte bis zu 80 % ihrer Arbeitszeit mit Gesprächen mit Mitarbeitern und damit mit Führungsaufgaben ausgelastet sind.

3.2.2 Personalbedarfsplanung

Ausgangspunkt der Personalplanung

Die Personalbedarfsplanung ist der Ausgangspunkt der Personalplanung. Sie **bestimmt** zur Realisation des beabsichtigten Leistungsprogramms die notwendige Anzahl, die Qualität, die zeitliche und räumliche Verfügbarkeit der benötigten Mitarbeiter.

---

[9] Als optimal für eine unternehmens- wie mitarbeitergemäße Führung wird ein Verhältnis von sieben Geführten zu einer Führungskraft angesehen. In der Praxis dürften die Führungsspannen eher viel zu groß sein. Häufig sind strukturierte Mitarbeiterbesprechungen und Mitarbeitergespräche dann zu selten, zu kurz und zu unregelmäßig.

3.2 Personalplanung

Abb. 24: Übersicht Mitarbeitergespräch

	Das Mitarbeitergespräch
Definition	Alle geplanten Gespräche zwischen Vorgesetzten und Mitarbeitern, die über die alltägliche Kommunikation und Arbeitsanweisungen hinausgehen
Arten von Mitarbeitergesprächen	**regelmäßig, terminbezogen** • Zielvereinbarungsgespräch • Beurteilungsgespräch • Entwicklungsgespräch • Jahresgespräch (beinhaltet alle drei Gespräche)
	anlassbezogen Einführungsgespräch • Probezeitgespräch • Fehlzeitengespräch • Rückkehrgespräch • Disziplinargespräch • Austrittsgespräch

3.2.2.1 Einflüsse auf die Personalbedarfsplanung.

Daraus ergibt sich eine Vielzahl von Einflüssen auf die Personalbedarfsplanung.

Interne Einflüsse:

- **Organisation des Leistungsprozesses**: z.B. Mitarbeiter als »Mädchen für alles« (Sozialarbeiter leisten auch Schreibarbeiten) oder Spezialistentum (Schreibkräfte nehmen keine Telefonate an)
- **Fehlzeiten,** Vorbereitungs- oder **Rüstzeiten,** Nachbereitungszeiten, **Fluktuationen**: Fluktuationen sind nicht betrieblich beeinflussbare Abgänge durch Verrentung, Kündigung der MitarbeiterInnen oder sonstigem. Fehlzeiten dagegen entstehen durch Krankheit oder nicht vereinbarte Pausen. Die Rüstzeiten bzw. Nachbereitungszeiten beinhalten Tätigkeiten zur Informationsbeschaffung (z.B. Telefonat mit dem Jugendamt, Angehörigen, Arzt), Informationsbereitstellung (Erstellen einer Konzeption) oder Aufbereitung (Aktenführung) bis hin zur Auswertung (Evaluierung eines Hilfeplanprozesses)
Folgen: Einplanung von Vertretungskräften, Personalreserven, Entscheidung über Personalstruktur zwischen Generalisten und Spezialisten

Einflüsse auf den Personalbedarf

Leistungsprogramm

- **Leistungsangebot**: geplante Menge an Dienstleistungen. Festlegung der notwendigen Personalschlüssel (z.B. für drei Gruppen a 15 Jugendliche jeweils 4 Vollzeitstellen für Erzieherinnen und Sozialpädagogen).

Abb. 25: Personalbedarfsplanung (siehe Scholz 2000, 253)

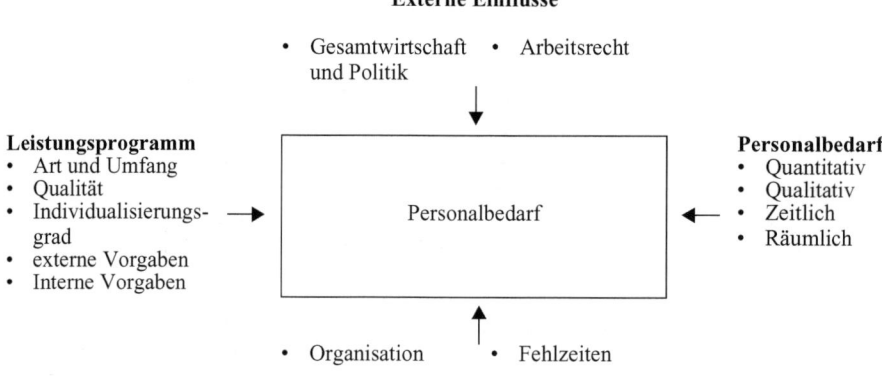

- **Leistungsvielfalt**: je mehr verschiedene Leistungen angeboten und je seltener diese Leistungen durchgeführt werden, um so geringer sind Erfahrungen der Mitarbeiter und um so größer ist der Bedarf an zusätzlichen, qualifizierten Mitarbeitern
- **Individualisierungs- und Standardisierungsgrad** der Leistungen: je individueller eine Leistung, um so geringer der Automatisierungsgrad, ums so größer der Personalbedarf
- **Vorgaben des Auftraggebers zum Personalbedarf**: bspw. Anzahl, notwendigen (Mindest)- Qualifikation der Mitarbeiter, Zeitumfang der eingesetzten Mitarbeiter (3/4- Stelle für die Betreuung von 12 Jugendlichen).
- **Interne Vorgaben**/Qualitätsversprechen über Fachkraftquoten, Betreuungsschlüssel, Vertretungsregelungen, Servicezeiten
  Folgen: Personalbedarfsplanung ist oft von außen vorgegeben, vertraglicher Inhalt und daher nur begrenzt veränderbar

externe Einflüsse.
- Gesamtwirtschaft und Politik:
  - lang anhaltende Krise der wirtschaftlichen Entwicklung
  - Einnahmenverluste durch Kürzungen
  - Wechsel von einer inputorientierten Steuerung zu einer outputorientierten Steuerung der öffentlichen Verwaltung

> **Folgen**:
> Nach der Zentralstelle für Arbeitsvermittlung (ZAV) hat sich der Arbeitsmarkt für SozialarbeiterInnen von 2002 nach 2003 erheblich verschlechtert und lässt auch in den nächsten Jahren weitere Rückgänge erwarten. (vgl. UNI 5/2004 S. 36ff). Die Zahl der offenen Stellen sank um 31 % in 2003.

3.2 Personalplanung

- **Arbeitsrecht:**
  - Arbeitszeitgesetze, Mitbestimmungsgesetz, Tarifrecht
  - Kettenvertragsklausel
  - Kündigungsschutz
  - Scheinarbeitslosigkeit
  - Schutzgesetze (Schwerbehinderte, Schwangerschaft, Jugendschutz)

> **Folgen:**
> Hohe Unsicherheit in arbeitsrechtlichen Fragen führen zu restriktiver Einstellungspolitik. Honorarkräfte ersetzen befristet angestellte, befristet angestellte unbefristet angestellte Mitarbeiter.

Beispiel: Richtwerte für Personalschlüssel in stationären Einrichtungen der Heimerziehung — Beispiel

Der Landesjugendhilfeausschuss Bayerns empfiehlt für die stationäre Heimerziehung nach §34 SGB VIII folgende Richtwerte, die sich an den zu betreuenden Gruppen, an der Unterbringung, der Gruppengröße und den verschiedenen Personalbereiche richtet.

- »Die Personalausstattung muss hinsichtlich der Anzahl und der beruflichen Qualifikation des eingesetzten Personals einen ordnungsgemäßen Betrieb der Einrichtung entsprechend der jeweiligen Aufgabenstellung und der zu betreuenden Zielgruppe gewährleisten. Die erforderlichen Festlegungen werden im Rahmen der Betriebserlaubnis gemäß §45 SGB VIII auf der Grundlage der Leistungsbeschreibung unter Beteiligung des örtlichen Jugendamtes getroffen«.
- Die Personalausstattung berücksichtigt folgende Bereiche:
  - Leitung
  - Gruppendienst
  - Gruppenergänzende Aufgaben
  - Verwaltung
  - Wirtschaft, Versorgung, Technische Dienste
- Die Personalbemessung richtet sich nach:
  - Gruppentypen (sozialpädagogische, heilpädagogische, therapeutische Gruppen sowie sonstige Wohnformen wie familienähnliche Wohngemeinschaften, Jugendwohngemeinschaften und betreutes Einzelwohnen)
  - Betreuungsaufwand unter Berücksichtigung der Betriebszeiten
  - Umfang des Mehrfachdienstes
  - Vereinbarte jährliche Arbeitszeit der Fachkräfte im Gruppendienst
- Gruppenschlüssel
  - Sozialpädagogische Gruppen

Gruppengröße	Gruppendienst	Gruppenergänzende Fachkräfte
Max. 12 Jugendliche	vier Vollzeitstellen/ max. eine Hilfskraft	0,25 Stunden pro Woche und Platz

- Heilpädagogische Gruppen

Gruppengröße	Gruppendienst	Gruppenergänzende Fachkräfte
6 – max. 9 Jugendliche	4 – 5 Vollzeitstellen mit pädagogischen Fachkräften	1 – 2 Stunden pro Woche und Platz

- Therapeutische Gruppen

Gruppengröße	Gruppendienst	Gruppenergänzende Fachkräfte
4 – 8 Jugendliche	Mind. 5 Vollzeitstellen mit pädagogischen Fachkräften	Mind. 2 Stunden pro Woche und Platz

- Sonstige Wohnformen

Gruppengröße	Gruppendienst	Gruppenergänzende Fachkräfte
Bei betreutem Einzelwohnen	Sozialpäd.: 5 – 10 Wochenstunden pro Jugendlichem	Frei vereinbar

- Leitung der Einrichtung
  - Schlüssel: 0,25 Stellenanteil pro Gruppe; eventuell Trennung in pädagogische und Verwaltungsleitung
- PraktikantInnen
  - Stellenschlüssel: Berufspraktikantinnen: 0,66 auf den heimaufsichtlich festgelegten Stellenschlüssel der jeweiligen Gruppe
  - FachhochschulpraktintInnen: 0,33 auf den heimaufsichtlich festgelegten Schlüssel

3.2.2.2 Berechnung des Personalbedarfs

Rechnerische Bestimmung des Personalbedarfs

Der Personalbedarf resultiert aus den zu bewältigenden Arbeitsaufgaben, deren Zeitbedarf und der Häufigkeit ihres Auftretens in einer bestimmten Periode und zu einem konkreten Zeitpunkt. Der Bruttopersonalbedarf umfasst alle notwendigen zu erledigenden Arbeitsaufgaben, ausgedrückt in der Anzahl der Arbeitseinheiten im Verhältnis zur Arbeitsproduktivität zuzüglich erforderlicher Vertretungen und Fehlzeitenausgleichsmaßnahmen (Kossbiel 1992, 1603ff). Die Arbeitsproduktivität gibt an, welche Arbeitsmenge in einer Arbeitseinheit (Stunde, Tag, Tätigkeit) durchschnittlich geleistet wird.

3.2 Personalplanung

Formel

$$\text{Personalbedarf} = \frac{\text{Arbeitsmenge}}{\text{Arbeitsproduktivität}}$$

Beispiel: Bestimmung des notwendigen Pflegepersonals (Geriatrie und Langzeitpflege Dorfmeister 2004, Lange 2003)

Beispiel

Der notwendige Pflegepersonalbedarf im Altenheim ergibt sich aus unterschiedlichen Patienten- und Pflegemerkmalen. Der patientenbezogene Aufwand unterteilt in allgemeine Pflege mit insgesamt drei Leistungsstufen (Grundleistungen bei Selbständigkeit; erweiterte Leistungen bei Teilselbständigkeit und besondere Leistungen bei Unselbständigkeit) sowie spezielle Pflegeleistungen, die wiederum nach dem Grad der jeweiligen Selbständigkeit eingeteilt sind. Daraus ergibt sich für jeden Patienten ein durchschnittlicher Pflegezeitwert. Hinzuzufügen sind patientenferne Tätigkeiten (z.B. Dokumentation), hier als Betreuungsgrundwert bezeichnet, der für alle Patienten als gleich groß angenommen wird. Ergänzt wird die Berechnung durch einen festen Minutenwert als Fallwert für Aufnahme, Verlegung, Entlassung bzw. Versorgung Verstorbener).

- Pflegebedarfswerte

Abb. 26: Ermittlung von Pflegebedarfswerten

Allg. und Spezielle Pflege: Minutenwerte pro Patient und 14-Stunden-Tag[a]			
	Allgemeine Pflege		
Spezielle Pflege	A 1: 20 Minuten	A 2: 66 Minuten	A 3: 147 Minuten
S 1: 11,7 Minuten	31,7 Min (A1 + S1)	77,7 Min.	158,7 Min.
S 2: 19,2 Minuten	39,2 Min.	85,2 Min.	166,2 Min.
S 3: 40,9 Minuten	60,9 Min.	106,9 Min.	187,9 Min. (A3 + S3

a. Unterstellt ein Pflegetag mit unterschiedlichen Pflegemaßnahmen zwischen 07.00 – 21.00.

- Fallwert: 70 Minuten pro Patient und Aufnahme von außen
- Betreuungsgrundwert: 25 Minuten pro Patient und Tag

Zusätzliche Leistungen oder die Berücksichtigung besonders schwerer Pflegefälle können mit entsprechenden Zuschlagssätzen versehen werden[10]. Die Berechnung des Personalbedarfs erfolgt nun anhand einer

---

10 (bspw. 40 % bei appallischen Syndrom und 80 % bei Langzeitbeatmung).

Minutenwertformel durch Addition der einzeln festgestellten Patientenwerte multipliziert mit Tagen, Betten und Auslastungsgrad:

$$\text{Pflegebedarf:} = \frac{\text{(Pflegeminuten pro Patient pro Tage) x Pflegetage x Betten x Auslastungsquote}}{\text{Jahresnettoarbeitszeit}}$$

Je höher die Auslastungsquote der vorhandenen Betten ist, umso mehr Patienten sind zu pflegen und zu betreuen. Teilt man die gesamte Arbeitsmenge an zu leistenden Pflegeminuten durch die Nettoarbeitszeit pro Mitarbeiter, erhält man rechnerisch den Personalbedarf.

Geht man von durchschnittlich 80 Pflegeminuten pro Bewohner und Tag aus in einer Einrichtung mit 100 Betten, die durchschnittlich zu 80 % an 365 Tagen im Jahr belegt sind, und von einer Nettoarbeitszeit der PflegemitarbeiterInnen von 1.600 Stunden folgt ein durchschnittlicher Personalbedarf für den Tagesdienst von 24 1/3 – Stellen. Zusätzlich werden noch Mitarbeiterinnen für den Nachtdienst und die Stationsleitungen benötigt. Weitere Tätigkeiten wie Büroarbeiten, die keinen unmittelbaren Leistungsbezug aufweisen, können nach diesen einfachen Formeln nicht aufgeschlüsselt und als notwendiger Personalbedarf ermittelt werden. Dazu ist der Einsatz mehrerer Kennzahlen notwendig. Einzelne, standardisierte Geschäftsvorfälle mit ihren jeweiligen durchschnittlichen Arbeitszeiten und notwendigen Verteil- und Rüstzeiten (Vorbereitung, Ermüdung und Erholung, Ausfallstunden) wären dann zu bestimmen.

3.2.2.3 *Personalbedarfsermittlung – Verfahren*

Analytische und summarische Bedarfsermittlung

Grundsätzlich ergibt der Personalbedarf rein **rechnerisch** (auch **analytisches Verfahren** genannt) aus den einzelnen Arbeitsschritten zur Erbringung einer Dienstleistung (wie im Pflegebeispiel) oder aus der **summarischen** Betrachtung der Leistung (z.B. bei allg. Bürotätigkeiten) insgesamt ermittelt werden.

Analytische Verfahren funktionieren aber nur dann zuverlässig, wenn die einzelnen Arbeitsschritte weitgehend standardisiert sind und sich im Zeitablauf nicht wesentlich verändern. Bei summarischen Schätz- und Berechnungsverfahren werden nicht einzelne Arbeitsschritte und deren Zeitbedarf analysiert, sondern die gesamte Leistung als Basis für die Ableitung des Personalbedarfs gewählt. Der Personalbedarf wird quantitativ mit Hilfe von einfachen Schätzverfahren festgestellt, die aus vorgegeben Schlüsselzahlen, Richtwerten und Erfahrungswerten ermittelt werden.

Durch den Vergleich des Bruttopersonalbedarfs mit der Personalausstattung errechnet sich der Nettopersonalbedarf. Er ist die Grundlage für die Entscheidung, entweder zusätzliches Personal einzustellen oder, falls der Bruttopersonalbedarf geringer als die gegenwärtige Personalausstattung ist, Personal freizusetzen. Dabei sollte (betriebsbedingte) Kündigung

3.2 Personalplanung

Abb. 27: *Berechnung des Personalbedarfs in Sozialämtern (Bayerischer Kommunaler Prüfungsverband 2001a)*

Tätigkeiten	Jahres-fallzahl	mBz (h) je Fall und Antrag	Jahres-arbeits-stunden	Anhalts-wert %/ NK	Personal-bedarf[b]
Sachbearbeiter »offene Hilfe«					
Antragsrücknahme/kein Antrag nach vorheriger Beratung	90	2,50	225		
Antrag auf HLU (förmlich) ablehnen	52	3,00	156		
Erstgespräch mit Neuantragsstellern führen, Bewilligung	210	2,00	420		
Laufenden Auszahlungsfall HLU außerhalb von Einrichtungen (ggf. einschließlich zu gewährender einmaliger Beihilfen und Hilfen in besonderen Lebenslagen – HbL –) bearbeiten	550	8,25	4.538		
Antrag auf HLU als Vorschuss bzw. Überbrückungshilfe bearbeiten	55	2,00	110		
Rückstandsfall (z.B. wegen Mietkaution) bearbeiten	150	2,00	300		
Antrag auf einmalige Beihilfe bearbeiten für Hilfeempfänger, die keine laufenden Hilfen erhalten	110	1,0	110		
Hilfe zur Pflege – HbL – an Empfänger, die keine laufende HLU erhalten • Neuantrag bearbeiten • Laufenden Auszahlungsfall bearbeiten • Abgang bearbeiten	5 30 5	4,00 2,25 3,00	20 68 15		
Antrag auf sonstige HbL (z.B. Krankenhilfe, vorbeugende Gesundheitshilfe) bearbeiten für Empfänger, die keine laufende HLU erhalten	50	3,00	150		
Kostenerstattungsantrag eines anderen Sozialhilfeträgers bearbeiten	20	2,50	50		
Außendienst durchführen (ca. 14tägig bzw. 20mal im Jahr; je ein halber Tag)	**100**	**4,00**	**400**		
Barauszahlung bearbeiten	500	0,25	125		
Zwischensumme			**6.687**		**470**
Einzelfallübergreifende Tätigkeit					
Nicht einzelfallbezogene Auskünfte erteilen				3	14
An Dienst-/Teambesprechungen teilnehmen				3	14
Fachliteratur und Umlauf lesen, Fortbildung				6	28
Summe					**526**

a. Der bayerische Kommunale Prüfungsverband erklärt zur Berechnung der Bearbeitungszeiten: »Bei der Personalbedarfsrechnung unterscheiden wir grundsätzlich nach »mittleren Bearbeitungszeiten – mBz –, und »Anhaltswerten« (pauschaler Ansätze). Bei den Vorgängen, bei denen wir einen zeitlichen Rahmen ansetzen, soll zum Ausdruck gebracht werden, dass hier die örtlichen Verhältnisse unterschiedliche Ansätze bedingen. diese können sich bei örtlichen Trägern der Sozialhilfe insbesondere durch folgende Unterschiede ergeben:
   - Unterschiedliche Schnittstelle zwischen sog. Einheitssachbearbeitung und Spezialsachbearbeitung (z.B. bei Heranziehung zum Unterhalt oder Hilfe zur Arbeit)
   - Geringere oder höhere Mitarbeiterfluktuation (mit der Folge der Fallumverteilung und Einarbeitungsaufwand
   - Zusammensetzung von Hilfeempfänger nach Personenkreisen (z.B. hoher Anteil an Alleinerziehenden mit größerem Bearbeitungsaufwand)
   - Zahl der Zu- und Abgänge im Verhältnis zu den laufenden Auszahlungsfällen
b. Bei der Ermittlung der Nettoarbeitstage einer Normalarbeitskraft wird von 203 Nettoarbeitstagen mit **1.563 Arbeitsstunden** pro Jahr ausgegangen. Zur Berechnung der angemessenen Personalausstattung von Sozialämtern unterstellt er zusätzlich für Rüst- und weitere Vorbereitungs- und Wartezeiten 9 % der gesamten Arbeitszeit, so dass sich die Nettoarbeitszeit auf **1.422 Stunden** reduziert.

Spezialisierung vs. Komplexität

immer der allerletzte Schritt sein. Vorzuziehen sind immer freiwillige Lösungen wie Ausnutzen von Altersabgängen oder freiwillige Reduzierungen der Arbeitszeit.
Bei der Ermittlung des Bruttopersonalbedarfs ist weiterhin ist zu berücksichtigen, dass größere Teams infolge von Spezialisierung und routinierteren Arbeitsabläufen eine durchschnittlich höhere Produktivität aufweisen (können). Mit zunehmendem Beratungsbedarf nimmt die Teamgröße zu, aber auch die Möglichkeiten der Spezialisierung und die Vermeidung von Leerzeiten. Allerdings haben diese **Spezialisierungsvorteile** in den zunehmenden **Komplexitätskosten** eine gegenläufige Kostenentwicklung zur Folge.

Beispiel: Spezialisierungsvorteile

Abb. 28: Spezialisierungsgewinne bei großen Teams

Beratungsfälle	Personalbedarf	Arbeits-produktivität (in Fällen)	Grenzen
0 – 30	1 SozialpädagogIn	0,00 – 30,00	Mindestbedarf
31 – 80	2 Soz. Päd.	15,50 – 40,00	
81 – 150	3 Soz. Päd.	27,00 – 50,00	
151 – 300	4 Soz. Päd.	37,75 – 75,00	Maximalbedarf

Eine höhere Arbeitsproduktivität der Mitarbeiter führt zu niedrigeren Kosten pro Beratungsfall. Gleichzeitig nimmt jedoch der Koordinationsbedarf zu. Zusätzliche Teamsitzungen und weiterer Mitarbeitergespräche sind notwendig. Kostenmäßig betrachtet ergeben sich zwei gegensätzliche Entwicklungen: Optimal ist ein Einsatzverhältnis dann, wenn die anfallenden Arbeitskosten und die zusätzlich entstehenden Komplexitätskosten minimal sind.

3.2.3 Personalausstattungsplanung

Berechnung der Gesamtarbeitszeit

Die Personalausstattung stellt die Gesamtheit aller MitarbeiterInnen und deren insgesamt leistbare Arbeitszeit dar. Ihre Bestands- und Veränderungsanalyse liefert Informationen für Personalbeschaffung wie Personalfreisetzung, für Personalentwicklung wie Personalkostenmanagement. Planungen der Personalausstattung berücksichtigen nicht nur den Ist-Bestand, sondern auch zu erwartende Zugänge durch Einstellungen, Übernahmen, Rückkehr aus Erziehungsurlaub, Krankheit und Abgängen wie Verrentung, Arbeitgeber/Arbeitnehmerkündigung.

3.2 Personalplanung

Abb. 29: Optimaler Personalbedarf

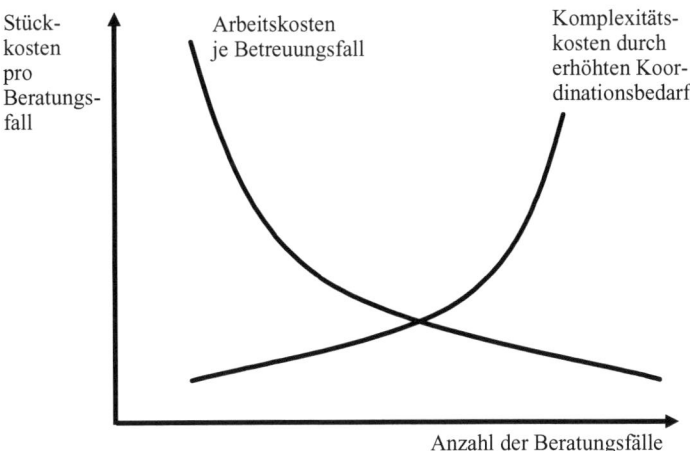

Abb. 30: Ausstattungsplanung

Personalausstattungsentwicklung in der Akademie Neustadt – Entwicklung in den nächsten 10 Jahren				
Mitarbeitergruppen	Bestand zum 01.01.2000	Abgänge	Zugänge	Neubestand 31.12.2010
Pädagogisches Personal	5 VZ (Vollzeit) 2 TZ (Teilzeit)	• Keine	• Keine	5 VZ 2 TZ
Sozialpädagogen	3 VZ 4 TZ	• 2 Verträge (VZ) zum 31.12.2000 • 3 Verträge (TZ) zum 30.06. 2003	• 2 VZ, wenn Maßnahme neu bewilligt wird zum 01.07.2003	3 VZ 1 TZ
Verwaltungskräfte	2 VZ 6 TZ	• 1 TZ zum 31.12.2002 (Rente) • 1 VZ zum 30.06.2003 (Maßnahmeende) • 2 TZ zum 31.07.2006 (Rente)	• 1 VZ zum 01.08.2006 • 1 TZ zum 31.03.2004 (Rückkehr aus dem Erziehungsurlaub)	2 VZ 4 TZ
Hauswirtschaftskräfte	8 VZ 10 TZ	• 1 VZ zum 31.12.2008 (Rente) • 3 TZ (31.06.2003, Maßnahmeende)	• 2 TZ Rückkehr aus dem Erziehungsurlaub (wahrscheinlich 2005)	7 VZ 9 TZ
Gesamt	18 VZ 22 TZ			17 VZ 16 TZ

Eine effektive Personalausstattung entspricht den Arbeitsanforderungen in qualifikatorischer, räumlicher und zeitlicher Hinsicht. Das setzt eine flexible Anpassung der Personalausstattung voraus. Eine solche Forderung ist allerdings unrealistisch. Stattdessen finden sich immer wieder **Teilbarkeitsprobleme**:

Ausstattungsprobleme

- ProjektmitarbeiterInnen, die durch **Projekte** zwar vollständig finanziert werden, aber durch die tatsächliche Arbeitsnachfrage nicht vollständig ausgelastet und deshalb unterbeschäftigt sind, arbeiten nicht in ihrer überschüssigen Zeit in unterversorgten Bereichen mit.
- Die **Urlaubszeitplanung** steht vor Aufgabe, ausreichend MitarbeiterInnen für die Betreuung während der Urlaubszeit vorhalten zu können. Ansonsten kommt es zu einer Unter- oder Überbesetzung in Ferienzeiten bzw. bevorzugten Urlaubszeiten.
- Infolge der **Unteilbarkeiten des Personals** gibt es in ein und derselben Einrichtung gleichzeitig Mitarbeiter, die überlastet, andere die nicht ausgelastet sind. Ursachen finden sich im unterschiedlichen Arbeitsanfall, fehlenden Ausnahmeregelungen für Vertretungsdienste oder zu rigiden Stellenbeschreibungen.

Als **Anpassungsstrategien** bieten sich zwei entgegen gesetzte Strategien an (vgl. Kossbiel/Muche 2004):

»Heuern und Feuern«...

1. **Synchronisation der Personalausstattung an den Personalbedarf.**
Diese Strategie entspricht einer flexiblen Anpassung der Personalausstattung an wechselnde Bedarfe. Die Ausstattung in quantitativer wie qualitativer Hinsicht orientiert sich ausschließlich am Bedarf der Klienten und der Auftraggeber. Die Arbeitsverträge sind zeitlich befristet und an den jeweiligen Projektzweck gebunden. Entsprechen die Kompetenzen und Qualitäten der Mitarbeiter jeweils dem Projektbedarf werden neue, in der Regel wiederum zeitlich befristete Arbeitsverträge abgeschlossen. Zeitliche Lücken zwischen den Projekten bedeuten in der Regel Phasen der Arbeitslosigkeit für diese Mitarbeiter, was zum Teil aus Angst vor Kettenverträgen sogar arbeitgeberseitig gewollt sein kann.

...oder flexibler Arbeitseinsatz

2. **Emanzipation der Personalausstattung zum selbständigen Abgleich mit dem Personalbedarf**
Wenn die Personalausstattung (weitgehend) unabhängig vom wechselnden Personalbedarf fixiert ist, muss die Anpassung intern erfolgen, will man nicht wechselweise vor Unter- und Überbeschäftigung stehen, die die Dienstleistungen limitieren bzw. zur überproportionalen Kostenbelastung führen. Das ist auf Dauer nur möglich, wenn die Finanzierung unabhängig vom Bedarf und der Inanspruchnahme ist (z.B. lange Zeit im öffentlichen Dienst). Um Engpässe und Arbeitsmangel zu begrenzen, sollten die Mitarbeiter mehrere Verwendungsmöglichkeiten besitzen und interne Fluktuation in zeitlicher, örtlicher und mengenmäßiger Hinsicht möglich machen.

3.2 Personalplanung

Die optimale Personalausstattung hängt aber keineswegs allein von der mengenmäßigen Betrachtung der einzelnen Mitarbeiter(gruppen) ab. Dazu bedarf es einer genaueren Analyse der individuellen Leistung jedes einzelnen Mitarbeiters bzw. seines Leistungspotentials. Behinderungen bei der Arbeitsausführung, falscher Arbeitseinsatz und Demotivation verringern wie eine mangelnde Leistungsbereitschaft die individuelle Arbeitsleistung.

Abb. 31: Bestimmungsfaktoren individueller Leistung (Scholz 2000, 333)

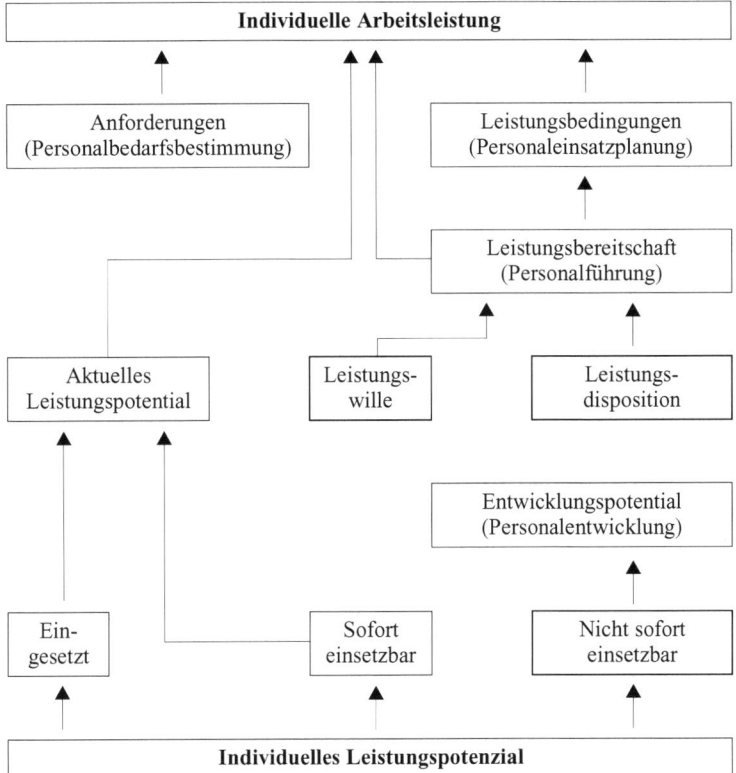

Beispiel:
Eine Sozialarbeiterin hat erfolgreich ihren Masterabschluss in Sozialmanagement absolviert. Dabei eignete sie sich insbesondere Kenntnisse im Bereich Personalmanagement angeeignet. Zurzeit wird sie aber in ihrer Arbeitsstelle als Beraterin eingesetzt. Würde Sie in der Beratungsstelle zusätzlich die Aufgaben im Personalmanagement übernehmen können, wären ihre Fähigkeiten sofort einsetzbar. Gerne würde sie auch die Leitungsfunktion innehaben, wozu sie allerdings noch weitere Fortbildungen in Mitarbeiterführung und Moderation benötigt. Ihre Erwartungen nach

Beispiel

dem Kurs sind sehr hoch, so dass ihre bisherige Beraterinnentätigkeit nicht mehr befriedigt. Außerdem muss sie zurzeit auch ihre Kollegin vertreten und Hausbesuche durchführen. Weite Strecken kann sie als überzeugte Radfahrerin, die keinen Führerschein besitzt, nur mit öffentlichen Verkehrsmitteln bewältigen, so dass ihre Fahrtzeiten sehr lang sind und viele Stunden für »Rüstzeiten« verloren gehen (Leistungsbedingung).

3.2.4 Fluktuation und Fehlzeiten

Zusätzliche Personalkosten

Fluktuationen sind dauerhafte Abgänge der Personalausstattung durch Kündigung, Verrentung, Invalidität oder Tod, die nicht durch den Betrieb selbst durch vertragliche oder arbeitsrechtliche Schritte (Arbeitgeberkündigungen) bewirkt wurden. Wegen der durch Fluktuationen ausgelösten Kosten und Mehrbelastungen der Mitarbeiter gilt eine Fluktuationsquote von mehr als 10 % als problematisch.

Fluktuationskosten entstehen durch
- Verwaltungstätigkeiten (Schreiben von Zeugnissen für den Ausscheidenden, Neugestaltung von Dienstplänen),
- kurzfristige Anpassungen der Personalausstattung durch Überstunden oder die Beschäftigung von Leihmitarbeitern,
- Vorhalten einer Personalausstattung, die wegen der hohen Fluktuation über dem eigentlich notwendigen Bedarf liegt,
- Einstellungs- und Neueinarbeitungskosten.

Fehlzeiten

Fehlzeiten als Kostenproblem

Fehlzeiten sind Zeiten, in denen Mitarbeiter abwesend vom Arbeitsplatz sind.

Fehlzeitenursachen
- Krankheit und Unfall
- Fortbildungen
- Gesetzlich bedingt: Mutterschutz, Erziehungszeiten, Wehr- und Zivildienst, Kuren
- Motivationsbedingtes Fernbleiben (Absentismus)

Die krankheitsbedingten Fehlzeiten unterscheiden sich nach Branchen und Betrieben, Mitarbeitergruppen und einzelnen Betroffenen. Der Bundesverband der Allgemeinen Ortskrankenkassen gibt für 2003 an, dass auf der Basis von ca. 11 Mill. Versicherten durchschnittlich **12,3 Krankheitstage** in 2002 anfielen, was einer Quote von 5,2 % entspricht[11] Spitzenreiter war die öffentliche Verwaltung mit durchschnittlich 5,9 % (2001: 6,1 %).

---

11 (2001: 5,3 %)(siehe Wissenschaftliches Institut der AOK, Presseinformation 02.12. 2003).

3.2 Personalplanung

Krankheitsfehltage resultieren aus medizinischen wie verhaltens- und motivationsbedingten Gründen. Sind die Probleme medizinischer Natur, helfen betriebliche Gesundheitsförderung wie Bewegungstraining, ergonomische Arbeitsplätze, Reduzierung von Gefahrenquellen am Arbeitsplatz, Aufklärung und ähnliche Maßnahmen.

Der Übergang zu motivationalen Problemen ist fließend. In Zeiten schlechter Arbeitsmarktbedingungen für die Mitarbeiter sinkt in der Regel die Fehlzeitenquote, es wird weniger »krank« gefeiert, so auch in den vergangenen Jahren. Arztbesuche wie Krankschreibungen sind seltener, die Dauer der Krankschreibung kürzer. Hintergrund ist die Sorge um den (nicht sicheren) Arbeitsplatz. Je sicherer der Arbeitsplatz, um so größer die Bereitschaft, sich krank zu melden. Nach einer Umfrage des Wissenschaftlichen Instituts der AOK gaben 2/3 aller befragten Beschäftigten an, dass sie berufliche Nachteile bei Krankmeldungen befürchten (Fehlzeitenreport der AOK). Ein Fünftel nahm zur Genesung von Krankheiten Urlaubstage bzw. 60 % versuchen die Krankheit am Wochenende auszukurieren.

Die Angst bei Fehlzeiten gekündigt zu werden ist nicht völlig unbegründet, wenn gleich die Nachweispflicht für den Arbeitgeber sehr anspruchsvoll ist: Nach der sog. **Dreistufenmethode** hat der Arbeitgeber zu prüfen: — Kündigung?

- **Schlechte Zukunftsprognose**: Sind weiterhin künftig erhebliche Krankheitsausfälle zu erwarten?
- **Betriebliche Auswirkungen**: Verursachen diese Ausfälle weitere erhebliche Belastungen des Betriebs durch Störungen des Betriebsablaufs und/oder gravierende finanzielle Auswirkungen?
- **Interessenabwägung**: Sind diese Fehlzeiten und wirtschaftliche Belastungen dem Arbeitgeber auch unter Abwägung der Interessen des Mitarbeiters nicht mehr zuzumuten?

Besonderes Ärgernis stellen immer wieder Kurzerkrankungen von Mitarbeitern dar. Aus diesen Gründen greifen immer mehr Einrichtungen zu einem ausdifferenzierten **Fehlzeitenmanagement**: Dabei stehen sowohl die Fehlzeitenreduzierung als auch die Beziehungspflege im Vordergrund. — Ärgernis!
- Anruf beim Mitarbeiter am 1. oder 2. Tag der Erkrankung, um sich nach dem Wohlbefinden zu erkundigen
- Bei häufigen Kurzerkrankungen Vorlage der Arbeitsunfähigkeitsbescheidung am 1. Arbeitstag (Der Arbeitnehmer ist verpflichtet sie am dritten krankheitsbedingten Fehltag vorzulegen!)
- Verpflichtung zur amtsärztlichen bzw. betriebsärztlichen Untersuchung
- Rückmeldung beim unmittelbaren Vorgesetzten und Rückkehrergespräch am ersten Tag nach der Krankheit

> **Merke:**
> - Das Führen von Rückkehrgesprächen nach Krankheit ist in der Regel mitbestimmungspflichtig.
> - Sind Rückkehrgespräche betrieblich vereinbart, muss der Arbeitnehmer teilnehmen
> - Der Mitarbeiter muss nicht Angaben über Ursachen und Gründe seiner Erkrankung mitteilen.
> - Eine Kündigung wegen häufiger Fehlzeiten ist nicht möglich, wenn keine weiteren Fehlzeiten zu erwarten sind.

3.2.5 Personaleinsatzplanung

Die Personaleinsatzplanung stellt das Bindeglied zwischen Bedarfsplanung und Ausstattungs- oder Bestandsplanung dar. Sie ordnet das zur Verfügung stehende Personal den einzelnen organisatorischen Aufgaben gemäß der erforderlichen Tätigkeiten am erwünschten Ort und Zeit zu.

3.2.5.1 *Einsatzplanung nach der Zeit:*

Flexible Personaleinsatzplanung

Stimmt die individuelle Arbeitszeit nicht mit den Betriebszeiten überein, ist eine zeitliche Planung notwendig. Eine zeitliche Einsatzplanung synchronisiert die Arbeits- und Betriebszeiten. Von Frühstücks- und Mittagspausen über Urlaubs- und Krankheitszeiten werden Vertretungspläne notwendig. Engpässe und Leerlauf verlangen eine flexible Personaleinsatzplanung. Fixe Dienstpläne sind meist nicht bedarfsgerecht, sondern zu oft nur an den Wünschen der Mitarbeiter orientiert. Gleichzeitig gilt es fixe Ausstattungskosten wie Eigen- oder Fremdmiete durch eine höhere Auslastung anteilmäßig zu reduzieren, was die Wettbewerbsfähigkeit der Einrichtung stärkt. Ein flexibler Personaleinsatz nützt allerdings nicht nur den Klienten und der Einrichtung, sondern auch den Mitarbeitern selbst, die sich ihre Zeiten freier einteilen können.

Herrmann (2004) schlägt für den Bereich der Pflege in Krankenhäusern als wichtigste Grundprinzipien flexibler Arbeitszeitsysteme vor:
1. Einfachheit und Ergebnisorientierung:
   - Die Verteilung der Arbeitszeit richtet sich nach den Arbeitsaufgaben und nicht umgekehrt
   - Berücksichtigung der Interessen der Mitarbeiter
2. Selbststeuerung durch den Mitarbeiter
   - Bei schwankender, nicht genau prognostizierbarer Nachfrage keine direktive Arbeitszeitsteuerung
   - Je flexibler die Arbeitszeit, um so höher der notwendige Selbststeuerungsanteil (sog. Vertrauensarbeitszeit)
   - Fremdgesteuerte Dienstpläne demotivieren

Arbeitszeitkonto

Eine selbstgesteuerte Arbeitszeitregelung, die nicht mit der Stechuhr, sondern mit Selbstreport die Arbeitszeiten belegt, setzt voraus, dass die Mitarbeiter mit ihren Teams festlegen, was sie in welcher Zeit mit wie vielen Mitarbeitern erledigen werden. Vor allem in stationären Einrichtungen können auf diese Weise Schichtdienste und Wochenenddienste den Wünschen der Einrichtung, der Klienten und der Mitarbeiter gerecht werden. Überstunden oder Fehlstunden werden auf **Zeitkonten** gutgeschrieben bzw. belastet. Innerhalb enger mengen- und zeitmäßiger Grenzen entscheiden die Mitarbeiter selbst über ihren zeitlichen Arbeitseinsatz.

Abb. 32: Grundmodelle flexibler Arbeitszeitgestaltung

Grundmodelle flexibler Arbeitszeitgestaltung

Formen	Beispiele
Standardarbeitszeit	08.00 – 17.00 Montag – Donnerstag; 08.00 – 13.00 Freitag
Schichtarbeitszeit	06.00 – 15.00 gerade Wochen 15.00 – 24.00 ungerade Wochen
Gleitzeit/Kernzeit	Gleitzeit: 07.00 – 20.00 (mo – fr) Kernzeit: 09.00 – 15.00 (mo – do) 09.00 – 12.00 (fr)
Teilzeitarbeit	Typisch: 08.00 – 13.00 (mo – fr) Selten: geteilter Arbeitsplatz
Variable Arbeitszeit	Überstunden werden individuell und nach Arbeitsanfall abgearbeitet
Jahresarbeitszeitvereinbarung	Vollständige Inanspruchnahme des Jahresurlaubs bis 31.03 des Folgejahres Überstunden werden in Urlaubstagen vergütet
Sabbatical	Meist einjährige Unterbrechung der Arbeit bei reduziertem Lohn: bsw: sechs Jahre arbeiten bei 6/7 Lohn, danach ein Jahr frei bei 6/7 Lohn Nutzung für Weiterbildungsmaßnahmen und Auszeiten
Gleitender Ruhestand/ Lebensarbeitszeitvereinbarung	Vorruhestandsmodell: Mitarbeiter scheidet mit reduziertem (aber nicht entsprechend reduzierten) Lohn vorzeitig aus, Mehrkosten werden durch Einstellung eines Arbeitslosen von der Arbeitsverwaltung getragen

3.2.5.2 Schichtarbeitsmodell

Schichtarbeit stellt eine zulässige Abweichung herkömmlicher Arbeitszeitstrukturen dar. Sie ist zum einen notwendig, um sich dem Bedarf der Klienten besser anpassen zu können, sei es durch notwendige Betreuung rund um die Uhr an 365 Tagen oder durch Bereitschaftsdienst für den Fall einer möglichen Inanspruchnahme. Zum anderen führt eine Mehrschichtorganisation zu einer besseren Auslastung der betrieblichen Einrichtungen, was zu einer Fixkostendegression der eingesetzten Sachmittel führt.

Abb. 33: Innovative Arbeitszeitmodelle (entnommen aus: A. Fauth-Herkner u.a. 2005

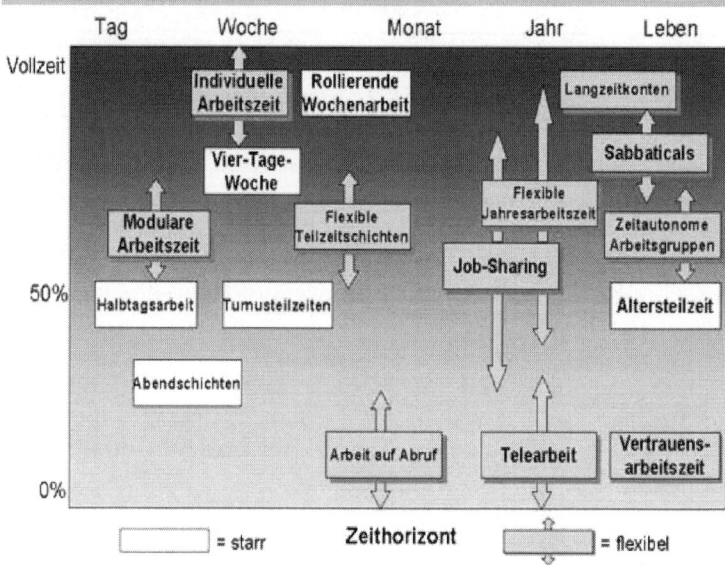

Schichtarbeit Bei einer gegebenen räumlichen wie personellen Ausstattung sind zunächst die Kosten für Raumausstattung und Personal fix, unabhängig davon, wie viele Klienten betreut werden. Mit zunehmender Auslastung sinken somit die fixen und damit auch die Gesamtkosten pro Betreuungsfall.

Bei wechselnder Tageszeit, z.B. von einer Frühschicht zu einer Spätschicht, ist auch der Ausdruck Wechselschicht gebräuchlich. MitarbeiterInnen haben in solchen Systemen mit typischen Folgen wie Schlafstörungen, Leistungsbeeinträchtigungen und sozialen Problemen zu kämpfen (Scholz 2000, 670). Als Varianten des Schichtsystemwechsels werden vorgeschlagen:

- Kontinuierlicher Schichtplan:
Angenommen wird eine Wochenarbeitszeit von durchschnittlich 42 Stunden und vier Schichtbelegschaften: dadurch werden 168 Stunden pro Woche (7 Tage a 24 Stunden) abgedeckt. Ist die tarifliche Arbeitszeit geringer erfolgt der Ausgleich über zusätzliche Freischichten.

3.2 Personalplanung

Abb. 34: *Kostensituation*

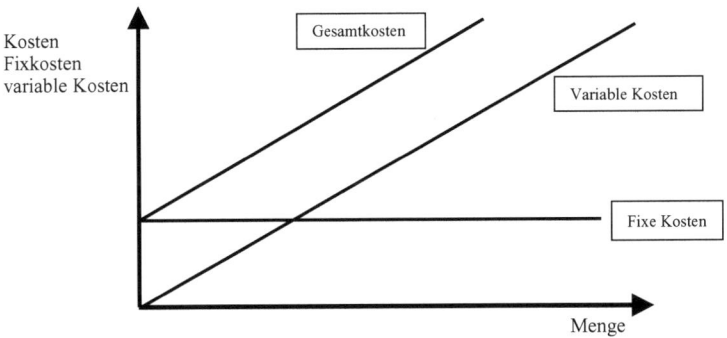

Abb. 35: *Auslastungsproblematik*   Fixkostendegression

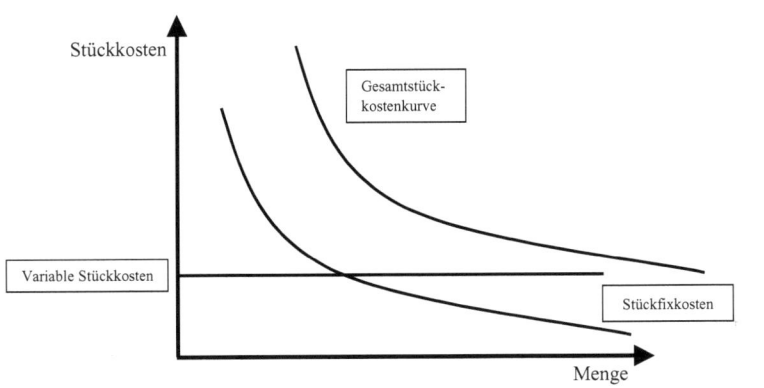

Abb. 36: *Schichtdienst*

Wochentag		Mo	Di	Mi	Do	Fr	Sa	So
Schicht	1	N		F	S	N	N	N
	2		F	S	N			
	3	F	S	N		S	S	S
	4	S	N		F	F	F	F

F =	Frühschicht
S =	Spätschicht
N =	Nachschicht
	Freischicht

- Diskontinuierlicher Schichtplan

Wochentag		Mo	Di	Mi	Do	Fr	Sa	So
Schicht	1	F	F	F	F	F		
	2	N	N		S	S		
	3	N	N	N			F	
	4	S	S	N	N	N		
	5	S	S	S	N	N		
	6		F	S	F	F	F	
	7	F		F	S	S		

Bei sieben Schichten kann eine Wochenarbeitszeit von 256 Stunden erreicht werden. Der Sonntag ist permanent frei, ebenso der Samstagnachmittag und die Nacht. Die durchschnittliche Arbeitszeit beträgt allerdings nur 36,6 Stunden, die entsprechend durch Mehrarbeit an anderen Tagen auszugleichen wäre (siehe auch Kossbiel/Muche 2005).

3.2.5.3 *Überstunden und Mehrarbeitsausgleich*

Überstunden dienen der betrieblichen Flexibilität und können vor allem Personalbedarfspitzen ohne zusätzliche Einstellungen ausgleichen. Das Arbeitszeitgesetz begrenzt die tägliche bzw. wöchentliche Arbeitszeit, so dass eine Mehrarbeit der Mitarbeiter begrenzt ist (§ 3 Arbeitszeitgesetz). Gleichzeitig legt es fest, wie der Ausgleich der mehr geleisteten Stunden erfolgen kann oder muss. Arbeitszeiten zwischen der tariflichen Arbeitszeit (38,5 bis 42 Stunden pro Woche im öffentlichen Dienst bzw. sozialen Einrichtungen) bis zu 48 Stunden pro Woche sind ohne Freizeitausgleich möglich. Der Mitarbeiter erhält dann für die zuviel geleisteten Arbeitsstunden einen finanziellen Ausgleich, der teilweise tariflich festgelegt mit einem Überstundenzuschlag von 25 % und mehr (vor allem bei Nacht- und Wochenendarbeit) vergütet werden muss. Alternativ ist ein Freizeitausgleich möglich. Dieser ist zwingend festgeschrieben, sollte die tägliche Arbeitszeit bis zu 10 Stunden betragen und der Mitarbeiter zwischen 48 und 60 Stunden pro Woche arbeiten. Diese Überstunden sind innerhalb von sechs Monaten auszugleichen.

3.3 Personalbeschaffung

Wichtigstes Ziel der Personalbeschaffung ist es, Mitarbeiter mit anforderungsgerechten Qualifikationen und Motivation in ausreichender Zahl zur richtigen Zeit und am richtigen Ort und zu wettbewerbsgerechten und dem internen Gehaltsgefüge entsprechenden Kosten zu gewinnen. Der zugrunde liegende Personalbedarf basiert auf der Personalplanung, die einen Mehrbedarf oder eine Wiederbesetzung einer freigewordenen Stelle feststellt.

3.3 Personalbeschaffung

Die Neu- oder Wiederbesetzung eines Arbeitsplatzes erfordert zunächst ein Anforderungsprofil. Dieses dient dazu
- die Stellenausschreibung festzulegen
- als Raster zur Personalauswahl
- als Sollkriterium für Personalentwicklungsmaßnahmen
- als Grundlage zur Stellenbeschreibung

3.3.1 Anforderungsprofile

Inhalte des Anforderungsprofils sind (WBS Training 2004, 60)

Abb. 37: Anforderungsprofil — Kompetenzen

Formale Anforderungen (Abschlüsse, Zusatzausbildungen, Berufserfahrung)			
Fachkompetenz	**Persönl. Kompetenz**	**Soziale Kompetenz**	**Führungskompetenz**
Zusammenfassung spezifischer und fachübergreifender Kenntnisse, die für die sachgerechte Aufgabenerfüllung notwendig sind	Zusammenfassung persönlicher Eigenschaften und Fähigkeiten, die zur Planung, Durchführung und Kontrolle von Aufgaben, der Anforderungserfüllung des Arbeitsplatzes und dem Selbstmanagement dienen	Fähigkeiten, mit anderen Personen erfolgreich zu kommunizieren und zu kooperieren und zur für alle Seiten befriedigenden Interaktion	Eigenschaften und Fähigkeiten, die zur Führung von Teams zur Umsetzung komplexer Aufgaben benötigt werden
▪ Aktuelles Fachwissen und Können ▪ Fähigkeit frühzeitiger Problemerkennung	▪ Selbstreflexion ▪ Kritikfähigkeit ▪ Strategisches Denken	▪ Kommunikationsfähigkeit ▪ Konfliktfähigkeit	▪ Durchsetzungsvermögen ▪ Zielsetzungs- und Entscheidungsfähigkeit

Führungskompetenz wird selbstverständlich nur erwartet, wenn die Stelle Führungsanteile beinhaltet. Je nachdem, wo sie in der Hierarchie angesiedelt wird, unterscheiden sich die Führungsanforderungen vor allem hinsichtlich der Zielsetzungs- und Entscheidungsfähigkeit. Je höher eine Stelle angesiedelt ist, um so mehr wird erwartet, dass die Führungskraft in der Lage ist, Unternehmensziele zu definieren und durchzusetzen. Im mittleren Management ist das Leitbild und die Führungsgrundsätze in Form strategischer Pläne umzusetzen und in konkrete Handlungsziele in Zielvereinbarungen herunter zu brechen. In den unteren Hierarchiestufen (z.B. stellvertretende Leitung einer kleinen Beratungsstelle eines größeren Trägers) überwiegt die dispositive Arbeit, wobei erste Führungsaufgaben wie die Durchführung von Mitarbeitergesprächen, aber auch die Definition und Umsetzung von operativen Zielen erforderlich sind.

Führungsebenen und Führungskompetenz

Abb. 38: Führungsebenen und Führungskompetenz

Management-ebenen	Beispiel	Erwartungen an Zielsetzungen		
		Normativ	Strategisch	Operativ
Top-Management	Leitung eines Altenheimes mit 100 MitarbeiterInnen	XXX	XX	O
Middle-Management	Abteilungsleitung im Wohlfahrtsverband mit 30 MitarbeiterInnen	XX	XXX	X
Lower-Management	Stellvertretende Leitung einer Beratungsstelle mit 5 MitarbeiterInnen	O	X	XXX

Aus dem Anforderungsprofil wird das Stellenangebot abgeleitet, das konkrete Angaben über die zu besetzende Stelle mit den Erwartungen an den künftigen Stellenbesitzer verbindet, wie die folgenden Beispiele zeigen:

Beispiel

Abb.39: Berufliche Anforderungen an eine(n) Bewährungshelfer(in)

Berufliche Anforderungen an eine(n) Bewährungshelfer/in
Bayerisches Staatsministerium der Justiz

Um die für ihren Beruf notwendigen sozialpädagogischen, psychologischen, soziologischen und rechtlichen Erkenntnisse gewinnen und richtig anwenden zu können, sind folgende **Fähigkeiten** erforderlich:
- Lebenserfahrung
- Menschenkenntnis
- Realitätssinn
- Einfühlungsvermögen
- Psychische Belastungsfähigkeit
- Durchsetzungsfähigkeit
- Konfliktfähigkeit
- Teamfähigkeit
- Fähigkeit, eine Beziehung zu Probanden aufzubauen und zu erhalten
- Organisationsgeschick
- Kreativität
- Bereitschaft zu Qualifizierung/Fortbildung
- EDV-Kenntnisse

Einstellungsvoraussetzungen Bewährungshilfedienst
der erfolgreiche Abschluss der Ausbildung zur Diplom Sozialpädagogin (FH)/zum Diplom Sozialpädagogen (FH) oder zur Diplom Sozialarbeiterin (FH)/zum Diplom Sozialarbeiter (FH) mit staatlicher Anerkennung. Die Wahl des Schwerpunkts Resozialisierung oder die Arbeit mit Straffälligen im Studium ist sinnvoll, aber nicht Bedingung für die Tätigkeit als Bewährungshelfer/Bewährungshelferin. Berufserfahrung in anderen (Sozial-) Berufen ist erwünscht.

3.3 Personalbeschaffung

Abb. 40: Berufliche Anforderungen an eine(n) leitende(n) Bewährungshelfer(in) (Quelle: Bay. Staatsministerium der Justiz; http://www2.justiz.bayern.de/_stellen/beger.htm#anforderungen

Beispiel

Einstellungsvoraussetzungen Leitender Bewährungshelfer
Bayerisches Staatsministerium der Justiz

1. **Fachkompetenz**
   - Berufserfahrung als Bewährungshelfer
   - hohe Fach- und Methodenkompetenz, u.a. nachgewiesen durch berufsbegleitende Fortbildung und Projektarbeit
   - Grundkenntnisse im Personalwesen, in der Organisationslehre und in der Informationstechnik.
   - Soweit einzelne Kenntnisse noch nicht vorliegen, wird die Bereitschaft zur Fortbildung und zur Hospitation vorausgesetzt.
2. **Persönliche Kompetenz**
   - Engagement
   - Identifikation mit dem Auftrag der Justiz
   - Flexibilität, Kreativität und Innovationsfähigkeit
   - Entscheidungsfreude
   - Fähigkeit zur Repräsentation der Bewährungshilfe nach außen
   - Fähigkeit, sich präzise und strukturiert auszudrücken
   - sicheres Auftreten
3. **Sozialkompetenz**
   - Kommunikationsfähigkeit
   - Teamfähigkeit und Konsensbereitschaft
   - Fähigkeit zur Kooperation intern und nach außen
   - Verantwortungsbewusstsein und Verlässlichkeit
   - Glaubwürdigkeit
   - Aufgeschlossenheit für die fachlichen Weiterentwicklungen in der Bewährungshilfe und Strukturveränderungen in der Justiz
4. **Führungskompetenz**
   - Fähigkeit,
     - kooperativ zu führen
     - Mitarbeiter zu motivieren
     - durch Zielvereinbarungen zu führen
     - Konflikte zu bewältigen
   - Delegationsvermögen
   - Fähigkeit, mit gutem Beispiel voranzugehen
   - Fürsorge gegenüber den Mitarbeitern und Loyalität zum Dienstherrn
   - Fähigkeit und Bereitschaft, die Stärken der Mitarbeiter zu erkennen und zu fördern
   - Bereitschaft zur Qualifizierung in Fragen des Führungsverhaltens.
5. **Organisatorische Kompetenz**
   - Fähigkeit, eine Dienststelle zu organisieren und zu koordinieren
   - Fähigkeit, strategische Ziele zu entwickeln und umzusetzen
   - Kostenbewusstsein.

3.3.2 Personaleinstellungen als Investitionen

Aufwändige Investitionsentscheidungen

Haben Sie schon einmal eine Mitarbeiterin eingestellt? Oder an einem Vorstellungsgespräch als Interviewer teilgenommen? Wie viel Aufwand war für diesen Prozess aufzubringen? Wenn die neue Mitarbeiterin kommt, muss sie integriert und eingearbeitet werden, damit sie ihr Potenzial schnellstmöglich im Sinne der Einrichtung und der Klienten abrufen und nutzen kann. Das erfordert weitere Aufwendungen durch Kollegen und Vorgesetzte. Sollte die Mitarbeiterin nicht die richtige oder die Einrichtung nicht für sie der richtige Arbeitsplatz gewesen sein, erfolgt häufig eine Trennung zum Ende der Probezeit hin, so dass die Stellenausschreibung noch einmal von vorne beginnen muss. Das kostet wiederum Zeit und Geld. Geschätzt wird, dass eine falsche Personalauswahl mit anschließender Kündigung und Neuausschreibung insgesamt ein Jahresgehalt des betroffenen Mitarbeiters an Kosten verursacht. Im Fall, dass die Einstellung erfolgreich war und Mitarbeiterin und Einrichtung zufrieden sind, entwickelt sich eine unter Umständen sehr lange Vertragsbeziehung.

> **Beispiel:**
> Was kostet eine Mitarbeiterin, wenn sie 25 Jahre beschäftigt ist. Unterstellt man ein durchschnittliches Arbeitgeberbruttogehalt von durchschnittlich 40.000 € pro Jahr (Arbeitnehmerbrutto zuzüglich der Sozialabgaben des Arbeitgebers) fallen insgesamt für diesen Zeitraum 1.000.000 € an Personalkosten an.

Grundsätzlich ist deshalb jede Einstellung eines Mitarbeiters mit einer Investition zu vergleichen und erfordert je nach Position, Ausmaß und Kosten ähnlich abgewogene Entscheidungen, wie sie bei Investitionsentscheidungen in Sachausstattungen selbstverständlich sind. Abzuwägen sind die entstehenden Kosten eines Arbeitsvertrages und der durch den Mitarbeiter neu entstehende Nutzen. Ist der zukünftige Personalbedarf eher unsicher und eine Beschaffung riskant, versucht man den Personalmehrbedarf zunächst mit Arbeitsverdichtung und Überstunden auszugleichen. Alternativ ist auch eine Verlagerung auf externe Dienstleistungsmärkte denkbar, also ein Outsourcing der betreffenden Leistungen.

> **Investitionen** sind die Anlage finanzieller Mittel in materiellen und/oder immateriellen Objekten, die langfristig, zeitlich begrenzt und Ziel orientiert genutzt werden sollen. Sie werden finanziert durch die Bereitstellung von Eigen- oder Fremdkapital.

Personalaufwendungen werden typischerweise durch die eingehenden Erträge selbst finanziert. Folgt man dem investiven Charakter von Personalressourcen weiterhin, zeigt sich, wie sorgfältig jede Personaleinstellung zu planen und abzuwägen ist.

3.3 Personalbeschaffung

Beispiel:
Eine Weiterbildungseinrichtung plant einen neuen Lehrgang für arbeitslose Jugendliche für ein Kalenderjahr. Für den Unterricht können eine Sozialpädagogin mit Arbeitskosten in Höhe von 30.000 € p.a. oder aber Honorarkräfte eingestellt werden, die pro Stunde einen Honorarsatz von 30 € erhalten. Welche »Investition« ist die kostengünstigere? Das hängt zunächst davon ab, wie viele Unterrichtsstunden zu leisten sind. Unterstellen wir 1.000 Unterrichtsstunden, sind beide Alternativen zunächst gleich teuer. Werden es mehr Unterrichtsstunden sein, die auch von der Sozialpädagogin allein bewältigt werden können, ist die Festanstellung sinnvoll, sind es weniger spricht mehr für die Honorarkräfte. Fällt der Lehrgang aus, weil zu wenig Teilnehmer gefunden wurden, fällt kein Honorar an, wohl aber die Kosten für die eingestellte Mitarbeiterin.

Abb. 41: Kostenvergleichsrechnung

Kostenvergleichsrechnung

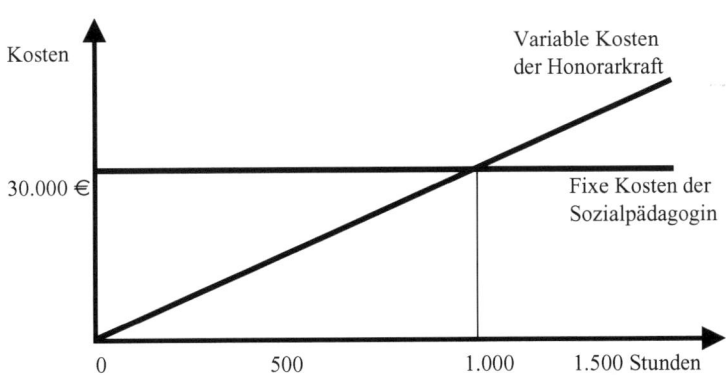

Die typischen Investitionsziele Rentabilität, Liquidität und Wettbewerbsfähigkeit bedeuten für die Personaleinstellung:
- **Rentabilität:** Die Wertschöpfung des einzelnen Mitarbeiters allein bzw. in Verbund mit den anderen Mitarbeitern soll nach Abzug der Personalaufwendungen einen positiven Ertrag mit sich bringen.
- **Liquidität**: Die Einstellung eines Mitarbeiters darf die Liquidität der Einrichtung nicht gefährden.
- **Wettbewerbsfähigkeit:** Durch die Schaffung und das Ausschöpfen von Potentialen soll die Einrichtung gegenüber Mitbewerbern einen Vorteil erlangen

3.3.3 Personalgewinnung

Grundsätzlich werden neue Mitarbeiter intern oder extern gewonnen. Besetzt ein bisheriger Mitarbeiter intern die neue Stelle, muss für seine dann freigewordene Stelle die gleichen Überlegungen angestellt werden. Der Betriebsrat kann nach §93 BetrVG eine innerbetriebliche Stellenausschreibung verlangen.

> **Merke**
> Grundsätzlich dürfen Stellen nicht ausschließlich für Frauen oder nur Männer ausgeschrieben werden (siehe § 611b BGB), es sei denn, dass ein bestimmtes Geschlecht unverzichtbare Voraussetzung für den zu besetzenden Arbeitsplatz ist.

Interne Stellenausschreibung

Für eine interne Stellenausschreibung spricht die Motivation der Mitarbeiter, sich zu bewähren und an Personalentwicklungsprogrammen teilzunehmen und mit einer höherwertigen Stelle und damit mehr Gehalt belohnt zu werden. Interne Aufstiegsmöglichkeiten verbessern das Betriebsklima und stabilisieren den sozialen Frieden im Betrieb. Gegen eine interne Besetzung ist allerdings einzuwenden, dass Betriebsblindheit und eventuell wohlgefälliges Verhalten und Seilschaften gefördert werden. Außerdem können neue Mitarbeiter Impulse für Innovationen setzen. Nachfolgende Übersicht listet die ökonomischen und sozialen Erträge und Kosten der jeweiligen Ausschreibung auf.

Hilb (2003) plädiert dafür, prinzipiell im Sinne seines integrierten Personalmanagements jede Stellenneubesetzung nach einem dreistufigen Verfahren zu überprüfen, bevor eine Stelle extern ausgeschrieben wird:
1. Zunächst wird die Stelle danach überprüft, inwieweit sie für die Einrichtung wichtige und für die anderen Mitarbeiter interessante Arbeitsbestandteile enthält. Diese könnten die Stelle eines oder mehrerer Mitarbeiter sinnvoll bereichern (sog. Job Enrichment). Durch freiwillige Übernahme solcher Teile steigt die Motivation und sinken die Arbeitskosten.
2. In einem zweiten Schritt werden alle für die Einrichtung wichtigen Teile identifiziert, die den anderen Mitarbeitern wegen monotoner Bestandteile unattraktiv erscheinen. Sie werden weitgehend automatisiert, indem die Leistung und Verfahrensweisen standardisiert und eventuell maschinell erzeugt werden.
3. Ein Teil der Leistung – insbesondere wenn es sich um eine freigewordene Stelle handelt, war vielleicht einmal wichtig, wird es aber in Zukunft nicht mehr sein. Sofern diese Leistungsbestandteile verzichtbar sind, werden sie als Aufgabe gestrichen und so überflüssige Bürokratie abgebaut und ein Kostenvorteil erzielt.

Externe Stellenausschreibung

Ist die externe Stellenbesetzung erforderlich, weil kein geeigneter interner Bewerber zu finden war, bietet sich eine Vielzahl von Möglichkeiten, um den richtigen Mitarbeiter zu finden:
- Arbeitsvermittlung durch Arbeitsagentur, private Job-Vermittlung oder Empfehlungen
- Stellenanzeige in Printmedien oder im Internet
- Hochschulkontaktmessen
- Arbeitnehmerüberlassung

*Abb. 42: Interne und externe Personalbeschaffung
(Klimecki/Gmür 2001, 163)*

Personalbeschaffung		
	Intern: Tendenz: Stabilisierend	**Extern:** Tendenz: flexibilisierend
Wirtschaftlichkeit	**Positiv:** • Geringe Informationskosten • Geringe Zeitverluste bei der Stellenbesetzung • Geringe Verhandlungs-, Einarbeits- und Fluktuationskosten • Eventuell Einsparungen durch Ersatz auf unterer Ebene • Geringere Kontrollkosten **Negativ:** • Höhere Personalentwicklungskosten	**Positiv:** • Größere Auswahlmöglichkeiten • Höhere Leistungsbereitschaft wegen der geringeren Arbeitsplatzsicherheit • Geringere Kosten bei Personalabbau • Personalentwicklungsaufwand wird als externe Vorleistung mit eingekauft **Negativ:** • Höhere Einstellungskosten • Höhere Einstiegskosten (höheres Anfangsgehalt)
Motivation	**Positiv:** • Motivationspotentiale sind bekannt • Geringere Frustrationsgefahr durch unerfüllte Erwartungen • Allgemeines Signal für Aufstiegschancen • Anreize durch offene Konkurrenz um knappe Aufstiegschancen **Negativ:** • Rückgang der Leistungsbereitschaft durch geringe externe Konkurrenz • Anpasserisches Verhalten und Seilschaftenbildung	**Positiv:** • Anpassung an aktuelle Umweltentwicklungen • Disziplinierungsmöglichkeiten des Personals durch externe Alternativen • Verhinderung von Beförderungsautomatismus und Seilschaften **Negativ:** • Demotivierung des internen Personals durch fehlende Aufstiegsperspektiven
Qualifikation	**Positiv:** • Qualifikationspotentiale bekannt • Qualifikationen leichter unmittelbar betriebsspezifisch nutzbar • Erhaltung betriebsspezifischer Qualifikationen **Negativ:** • Gefahr der Veralterung fachspezifischer Qualifikationen durch fehlende Anreize zur Weiterqualifizierung • Förderung von Betriebsblindheit	**Positiv:** • Erwerb neuartiger Qualifikationspotentiale • Verhinderung von Betriebsblindheit • Gewinnung von direkten Markt- und Konkurrenteninformationen **Negativ:** • Höhere Fluktuation verbunden mit der Abwanderung aufgebauter Qualifikationen

Klassischer Weg ist die Stellenanzeige in Printmedien (Zeitungen, Fachzeitschriften). Allerdings sollte das Medium der Stelle angemessen sein. Die Ausschreibung einer halben Sozialarbeitstelle, befristet auf ein Jahr, in einer bundesweit erscheinenden Zeitung, ist unangemessen teuer. Spezialisten findet man unter Umständen durch Anzeigen in Fachzeitschriften. Nachfolgend zwei Beispiele, die jeweils in Printmedien erschienen sind, aber auch im Internet bsw. die eigene Home page oder die des Verbandes, oder über www.job.sozial.de und andere Jobbörsen verbreitet wurden.

Stellenanzeigen

Checkliste: Anforderungen an Stellenanzeigen

Stelleninserate enthalten Informationen über
- Wer wir sind
- Welche Stelle wir besetzen
- Welche Anforderungen wir voraussetzen
- Was wir bieten (Einkommen, Arbeits-, Freizeit- und Wohnumfeld)
- Welche Unterlagen wir erwarten (Zeugnisse, Referenzen, . . .)
- Welche Bewerbungsfristen einzuhalten sind

Tipp
- Vermeiden Sie **Floskeln** wie: wir suchen die Besten, Kompetentesten etc.. Auch die Ausdrücke Kreativ oder Teamfähig sein sind mittlerweile Allgemeinplätze, die kaum als Selektionskriterium dienen können.
- **KO-Kriterien** wie notwendige Qualifikationen und Zusatzausbildungen sollten im Text deutlich sein. Bei der Bewerberauswahl sollten Sie sich dann aber auch daran halten. Bewerbungen, die diese Kriterien nicht erfüllen, gleich zurückschicken.

Berücksichtigen sollte man bei der Personalbeschaffung, dass die Stellenanzeige rechtzeitig erscheint. Rechtzeitig bedeutet, dass der bisherige Stelleninhaber zumindest noch geordnet seinen Arbeitsplatz an seinen Nachfolger übergeben kann. Die Praxis sieht allerdings meist ganz anders aus. Durch Stellensperren werden für einen längeren Zeitraum die Arbeitskosten eingespart, die verbleibende Arbeit auf die Schultern der anderen Mitarbeiter verteilt, liegen gelassen und die Klienten nicht bedient. Aus dieser Sicht werden Mitarbeiter dann ausschließlich als Kostenfaktoren gesehen. Eine ressourcenorientierte Sichtweise verlangt dagegen eine rechtzeitige Ausschreibung, Wiederbesetzung und Einarbeitung.

3.3 Personalbeschaffung

Checkliste: Zeitpunkt für Anzeigenschaltung (Rohrschneider 2001)   Zeitbedarf

Zu berücksichtigende Zeit für	Zeitumfang
Ausscheiden des jetzigen Stelleninhabers	**30.09.2005**
Einarbeitungszeit durch den alten Stelleninhaber	Vier Wochen
Gewünschter Einstellungstermin	01.09.2005
Zu erwartende Kündigungszeit des Bewerbers	Sechs Wochen
Zeitraum für Vertragserstellung	1 Woche
Zeitraum für Entscheidungsphase	1 Woche
Zeitraum für Vorstellungsgespräche	2 Wochen
Zeitraum für Bewerbungseingang und -sichtung	3 Wochen
Termin für Anzeigenschaltung:	**30.05.2005**

3.3.4 Personalauswahl

Jede Investitionsentscheidung bedarf einer sorgfältigen Abwägung der einzelnen Vor- und Nachteile einer Investitionsvariante. Sie sollen bei allem Risiko die Investitionsentscheidung rationaler machen und den Zufall lenken. Und bei der Personalauswahl? Hier werden nach wie vor überwiegend Verfahren eingesetzt, die eine falsche Auswahl fast wahrscheinlich machen. Nachfolgende Übersicht zeigt, dass viele in der Praxis verwendete Verfahren nicht den Anspruch eines guten und sicheren Auswahlinstrumentes erfüllen können.

Validität[12] eignungsdiagnostischer Verfahren
Die Qualität des Auswahlverfahrens verbessert sich vor allem durch Vorbereitung, Strukturierung und Anwendung mehrerer Instrumente entscheidend. Insbesondere sollte das übliche Bewerbungsgespräch (Interview) so strukturiert sein, dass entweder den Bewerbern stets die gleichen Fragen gestellt werden (vollstrukturiertes Interview) oder aber der Gesprächsablauf sich aus stets wiederkehrenden Bausteinen zusammensetzt, die allerdings noch individuelle Spielräume zulassen. Hierbei spielen vor allem situative Fragen eine entscheidende, qualitätsverbessernde Rolle.

---

12 Validität: Maß für die Prognosegenauigkeit. Wird das gemessen, was auch gemessen werden soll. Werte mehr als 0,30 gelten als angemessene Validitätswerte. Die Unterschiedlichkeit der Validitätswerte gibt die teilweise sehr unterschiedliche Einschätzung einzelner Verfahren wieder. Hohe Werte wie bei der Probezeit sind nur dann zu erreichen, wenn die Probezeit auch tatsächlich genutzt und begleitet wird. Die Werte ergeben sich bsw durch Validitätsprüfungen, in denen ermittelt wird, welche Verfahren sich nach zwei Jahren der Auswahl in der Praxis bewährt haben.

Güte der Personal‑
auswahlverfahren

Abb. 43: *Validität von Auswahlverfahren (Quelle: Litzcke 2005; Klimecki/Gmür 2001, Schuler 1991)*

Verfahren	Validität
Graphologisches Gutachten	0,00
Unstrukturierte Interviews	0,10 – 0,14
Schulnoten	0,15
Bewerbungsunterlagen	0,18
Studiennoten	0,06 – 0,20
Arbeitszeugnisse	0,20
Persönlichkeitstests	0,15 – 0,30
Biografischer Fragebogen	0,35
Arbeitsproben	0,30 – 0,38
Strukturierte Interviews	0,40
Probezeit	0,40
Ausführliche Intelligenztests	0,40
Assessment-Center	0,40

Abb. 44. *Geeignete Personalauswahlmethoden (Quelle: WBS Training, 2004, 73)*

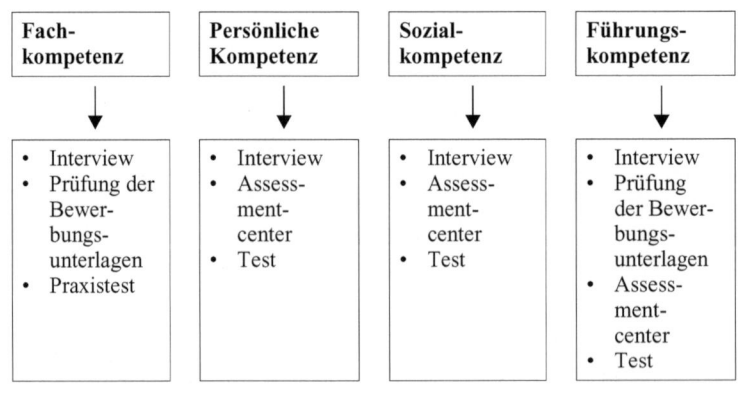

Geeignete Auswahlmethoden

Fach-kompetenz	Persönliche Kompetenz	Sozial-kompetenz	Führungs-kompetenz
• Interview • Prüfung der Bewerbungs-unterlagen • Praxistest	• Interview • Assessment-center • Test	• Interview • Assessment-center • Test	• Interview • Prüfung der Bewerbungs-unterlagen • Assessment-center • Test

3.3.5 Dilemma der Personalauswahl

Abb. 45: Dilemma der Personalauswahl (Klimecki/Gmür 2001, 235)

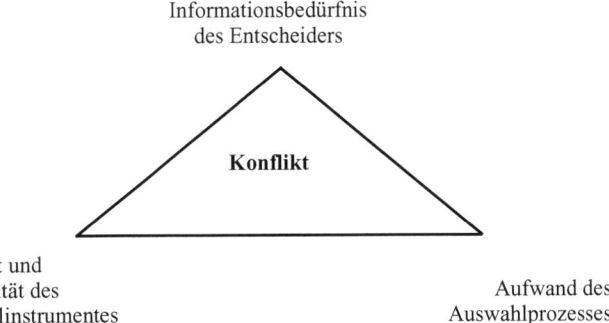

Warum werden trotzdem in der Praxis so häufig unstrukturierte Interviews aus dem Bauch heraus geführt? Der erhebliche Aufwand, den die verschiedenen Auswahlverfahren mit sich bringen, mag zum Teil das Praxisvorgehen begründen. Die Interviewer würden, wenn sie Zeit genug zur Verfügung hätten, gerne deutlich mehr über die Bewerber erfahren; insbesondere sich auch Arbeitsproben geben lassen. Angesichts hoher Bewerberzahlen ist dies zugegeben zu aufwändig. Demzufolge leidet aber die Validität und die Reliabilität[13] des Verfahrens. Insbesondere Persönlichkeitstests sind aufwändig, aber nur von eingeschränkter Validität, multimodale Interviews dagegen aufwändig, aber deutlich effektiver. Zunächst steht aber vor jedem Auswahlgespräch oder Test die Prüfung der Bewerbungsunterlagen.

Auswahldilemma

3.3.5.1 Die Prüfung der Bewerbungsunterlagen

Die Bewerbungsunterlagen setzen sich zusammen aus:
- Bewerbungsschreiben
- Lebenslauf
- Bewerbungsfoto
- Arbeits- und eventuell Hochschul-/Schulzeugnissen
- Referenzangaben

Bestandteile guter Bewerbungsunterlagen

Wichtigster Bestandteil der Bewerbung ist das eigentliche Anschreiben, weil neben dem Bewerbungsfoto und dem Gesamteindruck der Bewerber sich selbst persönlich mitteilt. Generell sollte bei der Vorauswahl aus den

---

13 Reliabilität: auch Zuverlässigkeit ist ein Maß für die Stabilität der Untersuchungsergebnisse. Würde der Bewerber bei einem anderen Interviewer oder zu einer anderen Zeit andere Auskünfte geben und Reaktionen zeigen. Hohe Reliabilität liegt als Güte eine Verfahrens vor, wenn der Bewerber unabhängig von Zeit und Person stets die gleichen Antworten gibt.

eingehenden Bewerbungsunterlagen auf eine ordnungsgemäße und geeignete Bewerbung geachtet werden. Unsaubere und fehlerhafte Bewerbungen werden als erstes, besonders bei großer Bewerberzahl ausselektiert. Unpassende Fotos (das berühmte Urlaubsfoto) gelten ebenso als mögliches Selektionskriterium. Gleiches kann man bei einem zu geringen Porto annehmen.

Standard-Anforderungen an eine ordnungsgemäße Bewerbung
- Fehlerfrei (sind die Namen richtig geschrieben?, fehlerfreier Text, Grammatik, Zeichensetzung)
- Sauber und ordentlich (Gesamteindruck, Flecken, wiederholte Benutzung? gute Schutzhülle, Unterlagen abgeheftet)
- Ausreichend frankiert
- Ordentliches Bewerbungsfoto
- Vollständig:
  - Anschreiben liegt lose bei
  - Lebenslauf mit Foto (eventuell auch auf Deckblatt)
  - Chronologischer Arbeitsverlauf mit Zeugnissen belegt
  - Eventuell Veröffentlichungen oder Tätigkeitsbeschreibungen

Rückschlüsse einer ordnungsgemäßen Bewerbung

> - Einhaltung formaler Standards lässt auf eine ernsthafte und wertschätzende Bewerbung schließen
> - Unsaubere, gebrauchte, und zerknitterte sowie unvollständige Unterlagen sind das erste Selektionskriterium.
> - Offensichtlich wieder verwendete Unterlagen deuten auf ein eher formales und weniger eigenes Interesse an der ausgeschrieben Stelle hin[14]
> - Unangemessene Bewerbungen (vor allem das beliebte Freizeitfoto) lassen auf mangelnde Ernsthaftigkeit schließen[15]

Anforderungen an das Bewerbungsschreiben:
- Verbale Darstellung der **Motive** für die Bewerbung und der eingebrachten Fähigkeiten
- Auskunft über eventuelle **Regularien** wie Einstellungstermin, zu wahrende Vertraulichkeit, Referenzen

---

14 Angesichts des immer schwieriger werdenden Arbeitsmarktes werden sicherlich hier Einwände gegen die durch jede Bewerbung teilweise erheblichen Kosten für Porto, Foto, und vor allem Zeugnisbeglaubigungen vorgebracht. Trotzdem sollte jede Bewerbung so gestaltet sein, dass zumindest dem ersten Eindruck nach ein wirkliches Interesse an der Stelle besteht.

15 Das hängt sehr stark von der jeweiligen Branche und deren Standards ab. Bewerbungen in Kreativbereichen sollten diese ebenso spüren lassen, wie Bewerbungen um kaufmännische Stellen Seriosität vorweisen sollten (die woanders als langweilig interpretiert werden mögen). Genauso werden Bewerbungen für Reinigungsstellen sicherlich nicht die gleichen formalen Anforderungen erfüllen müssen wie bei Leitungsstellen. Sozialarbeiter, die besonders auch schriftlich kommunizieren müssen, legen sicherlich großen Wert auf eine korrekte Rechtschreibung.

- Auskunft über die **Passgenauigkeit des Bewerbers** mit dem gesuchten Profil (viele Bewerber scheinen die Anzeige gar nicht richtig gelesen zu haben)
- Formulierungen geben Aufschluss über **Selbstwertgefühl** des Bewerbers, seine sprachlichen Fähigkeiten und seine Kreativität (ist das Bewerbungsschreiben von der Stange?)

Lebensläufe dienen dazu, Aussagen über die Zeitfolge einzelner Lebensstationen, über die Ausbildungen und eventuelle Positionen zu dokumentieren. Interviewer nutzen diese Angaben, um unschlüssige oder nicht nachvollziehbare Aspekte des Lebenslaufes konkret zu hinterfragen. Lange Zeit galten bsw. überlange Studiendauern, beschäftigungsfreie Zeiten oder Berufswechsel (nicht Arbeitsplatzwechsel) als kritische Punkte in der Bewerberanalyse. Mittlerweile können erfolgreich überwundene Strukturbrüche im Lebenslauf als Zeichen von Krisenstandhaftigkeit positiv bewertet werden.

Lebenslaufanalyse

Checkliste: Lebenslauf
• Lückenloser Lebenslauf
• Stimmen die Zeitangaben?
• Abgeschlossene Ausbildung/Studium
• Dauer des Studium zu lang?
• Ist der Bewerber über-/unterqualifiziert?
• Zufriedenstellende Noten?
• Berufliche Veränderungen: Weiterentwicklung?
• Liegen für Führungszeugnisse vor?
• Werden die Wechsel sinnvoll begründet?
• Weiterbildungen?
• Ehrenamtlichen Aktivitäten[16]?
• Passendes Lebensalter
• Mobilität (falls erforderlich)
• Erwünschte Konfession (bei Caritas, Diakonie)
• Familiärer Hintergrund

Schul- und Examensnoten sind vor allem bei Berufsanfängern ein Indiz auf intellektuelle Kompetenzen. Ihre Bewertung sollte mit zunehmender Arbeitserfahrung in den Hintergrund treten, wenn nicht sogar unwichtig sein. Je größer die berufliche Erfahrung, umso wichtiger sind Arbeitszeugnisse, auch wenn sie teilweise nur eine beschränkte Aussagekraft haben. Da Arbeitnehmern nur wohlwollende Arbeitszeugnisse ausgestellt werden

Zeugnisbeurteilung

---

16 Ehrenamtliche Aktivitäten lassen nicht nur Rückschlüsse auf hohe intrinsische Motivation und soziale Verantwortung zu, sondern auch auf eventuelle soziale und vielleicht auch Führungskompetenzen!

dürfen, finden sich eine Vielzahl von sog. Codes wieder, die ausdrücken sollen, was tatsächlich von dem Mitarbeiter zu halten ist. Insbesondere wenn die geschriebenen Bewertungen mit der Tätigkeit nicht kongruent sind (bsw. ein Sozialarbeiter wird für seine Pünktlichkeit oder seinen Fleiß im Verwaltungsbereich gelobt) ist Vorsicht geboten.

Aussagekraft von Zeugnissen

Beurteilung von Arbeitszeugnissen
- ✓ Die meisten Zeugnisse fallen gut bis sehr gut aus
- ✓ Schlechte Noten kommen sehr selten, und wenn, dann verklausuliert vor
- ✓ Schlechte Noten sind nicht erlaubt, ebenso Klauseln, die den Beurteilten ein schlechtes Zeugnis ausstellen
- ✓ Mitarbeiter hat gesetzlichen Anspruch auf die Ausstellung eines wohlwollenden, wahrhaftigen Zeugnisses (BGB § 630; BAT § 61)
- ✓ Man kann davon ausgehen, dass die meisten Beurteiler diese Regelung und die Zeugnisklauseln kennen
- ✓ Trotzdem sind nicht wenige Zeugnisse widersprüchlich: wenn die vollste Zufriedenheit mit einem Mitarbeiter geäußert wird, worin besteht sie dann konkret?
- ✓ Zu lange Zeugnisse ermüden
- ✓ Vielen Zeugnissen ist keine persönliche Note zu entnehmen (Floskeln, Standardformulierungen)
- ✓ Oft ist entscheidender, was nicht in dem Zeugnis steht!
- ✓ **Wichtig:** wer hat das Arbeitsverhältnis gelöst?

Zwischen den Zeilen

Abschieds-Formulierungen:
- **Auf eigenem Wunsch und zu unserem größten Bedauern:** Kündigung des Mitarbeiters wegen Positionswechsel
- **Auf eigenen Wunsch:** gut dass wir ihn los sind
- **In beidseitigem Einvernehmen:** Aufhebungsvertrag
- **Mussten uns von ihm trennen:** gehen die Kündigungsgründe eindeutig hervor und werden sie erklärt; liegt eine betriebsbedingte oder eine verhaltensbedingte Kündigung vor?

Abschiedsformulierungen drücken noch einmal die Wertschätzung aus, oder eben nicht. Ein Mitarbeiter, den man nicht mit größtem Bedauern verabschiedet, war vielleicht doch nicht so sehr geschätzt.

3.3.5.2 Das Auswahlverfahren

Bewerbungsgespräch

Die schlechten Validitätsergebnisse von Bewerbungsgesprächen sind auf eine Reihe handwerklicher Fehler zurückzuführen. Insbesondere unstrukturiertes Fragen gepaart mit selbstdarstellerischen Gehabe und ausschweifigem Erzählen des Interviewers lassen kaum vernünftige Entscheidungen erwarten. Meist orientieren sich dann die gewählten Entscheidungen an

3.3 Personalbeschaffung

Abb. 46: Zeugnisnoten   Zeugnisnoten

Sehr gut	Hat die ihm übertragenen Aufgaben stets zu unserer vollsten Zufriedenheit erledigt
	Hat unseren Erwartungen in jeder Hinsicht und in besonderer Weise entsprochen
	Seine/ihre Leistungen haben unsere ganz besondere Anerkennung gefunden
Gut	Hat die ihm übertragenen Aufgaben zu unserer vollsten Zufriedenheit erledigt
	Hat die ihm übertragenen Aufgaben stets zu unserer vollen Zufriedenheit erledigt
Befriedigend	Hat die ihm übertragenen Aufgaben zu unserer vollen Zufriedenheit erledigt
	Hat unseren Erwartungen voll entsprochen
Ausreichend	Hat unseren Erwartungen entsprochen
	Die Leistungen waren zufrieden stellend
Mangelhaft	Hat im großen und ganzen unseren Erwartungen entsprochen/ Erwartungen erfüllt
	Hat sich bemüht unseren Anforderungen zu entsprechen

anderen, äußerlichen Kriterien wie Alter, Geschlecht, Zugehörigkeit zu einer best. Gruppe oder Verein, Sprachähnlichkeiten und Wortwahl. Aus diesem Grund sollte das Gespräch zumindest teilstruktuiert ablaufen.

Warum Sie einen Interviewleitfaden benötigen:
- Viele unstrukturierte Gespräche sind zu schlecht vorbereitet; der Interviewer beherrscht nicht die wichtigsten Fragentechniken (z.B. keine Suggestivfragen, möglichst keine geschlossenen ja/nein-Fragen)
- Je mehr Persönlichkeitsmerkmale ein Interviewer in einem Gespräch zu diagnostizieren hat, desto unzuverlässiger werden seine Feststellungen
- Viele Daten, die im Einstellungsgespräch erkundet werden, lassen sich zweckmäßiger und vor allem wirtschaftlicher durch einen ausgearbeiteten Fragebogen erheben
- Endurteile werden meist schon nach fünf Minuten gefällt
- Die Interviewer ändern je nach BewerberIn unter Umständen ihre Bewertungsmaßstäbe (ich mag lieber Leute mit Brille)
- Negative Informationen werden deutlich eher wahrgenommen und führen zu einer Meinungsrevision als positive
- Der Interviewer spricht meist mehr als 60 % während der Vorstellungszeit

Das Strukturierte Einstellungsgespräch

Abb. 47: Strukturiertes Interview

	Gesprächsphasen	Gesprächsziele
Gesprächbeginn	■ Begrüßung des Bewerbers ■ Angenehme Atmosphäre schaffen ■ Interviewteilnehmer vorstellen ■ Vorstellen des Gesprächsablaufs	■ Positive Gesprächsatmosphäre herstellen ■ Nervosität beim Bewerber abbauen
Präsentation der Einrichtung	■ Wie sind Sie auf uns aufmerksam geworden? ■ Wie haben Sie sich auf dieses Gespräch vorbereitet? ■ Was wissen Sie von unserer Einrichtung? ■ (Event. Vorstellen der Einrichtung und seiner Dienstleistungen)	■ Information über die Einrichtung, deren Leistungen und Wettbewerbssituation ■ Interesse des Bewerbers prüfen
Berufliche Situation	■ Schildern sie uns bitte Ihren beruflichen Werdegang ■ Wie beurteilen Sie Ihre beruflichen Fähigkeiten und Fertigkeiten? ■ Was denken Ihre KollegInnen über Sie? Wie würden diese Ihre Stärken beschreiben?	■ Überprüfung der Angaben im Lebenslauf (vor allem bei Lücken!) ■ Hinweise auf fachliche Fähigkeiten ■ Hinweise auf Motivation und Ziele
Position	■ Was erwarten Sie aus der Anzeige von der neuen Position? ■ Was schätzen Sie an Ihrer jetzigen Position? ■ Warum wollen Sie diese Position verlassen? ■ Was war die größte Schwierigkeit in der letzten Zeit, die Sie auf Ihrer Position meistern mussten ■ Welche Ziele wollen Sie auf der neuen Position verwirklichen?	■ Hinweise auf Motivation und Zielsetzungen des Bewerbers ■ Hinweise auf fachliche, persönliche und soziale sowie Führungskompetenzen ■ Realistisches Bild der Position vermitteln
Persönliche Situation	■ Wie würden Sie Ihre Stärken beschreiben? ■ Welche Kompetenzen wollen Sie noch ausbauen? ■ Was motiviert Sie zu dieser schwierigen Tätigkeit? ■ Warum haben Sie es noch nicht getan? ■ Wie steht Ihre Familie zu Ihrem beruflichen Wechsel? ■ Was machen sie in Ihrer Freizeit?	■ Hinweis auf Wertvorstellungen und soziale wie persönliche Kompetenzen ■ Hinweis auf das familiäre Umfeld (insbesondere bei Ortswechsel, hohen beruflichen wie zeitlichen Belastungen) ■ Hinweise auf außergewöhnliche Kompetenzen (Hobbys, Ehrenamt)
Gesprächsabschluss	■ Event. Welche Gehaltsvorstellungen haben Sie? ■ Wann können Sie frühestens bei uns anfangen? ■ Haben Sie sonst noch Fragen Ihrerseits? ■ Verabschiedung des Bewerbers und Information über den weiteren Hergang	■ Einigkeit über gemeinsam zu treffende Absprachen wie Gehalt, Arbeitsbeginn, Arbeitszeit, Position und Verantwortungsbereich sowie über das weitere Vorgehen

3.3 Personalbeschaffung

3.3.5.3 Ermittlung konkreten Verhaltens in früheren Situationen

Um fachliche, persönliche und soziale Kompetenzen im Gespräch besser zu erfassen, wird in der Praxis häufig das Situative Fragen angewandt. Dadurch soll der Bewerber eine tatsächliche Situation aus seiner beruflichen Vergangenheit schildern, seine Handlungen beschreiben und das Ergebnis seines Handelns darlegen. Alternativ wird ihm eine mögliche Situation des neuen Arbeitsplatzes geschildert, die er auf sein mögliches Handeln hin analysieren soll.

Situationsfragen

Abb. 48: Situatives Dreieck

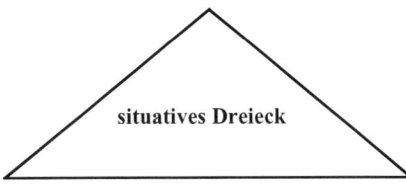

Situation
Wie war die genaue Situation?
Wo war das? Wer war daran beteiligt?

situatives Dreieck

Verhalten
Was haben Sie genau getan?
Wie haben Sie sich verhalten?
Warum handelten Sie so?
Wozu haben Sie dieses Verhalten gezeigt?

Konsequenz
Was war das Ergebnis Ihres Handelns? Was haben Sie erreicht?

Beispiel: Konflikt einer Führungskraft mit einem Mitarbeiter

Abb.49: Situatives Dreieck bei Führungskonflikten

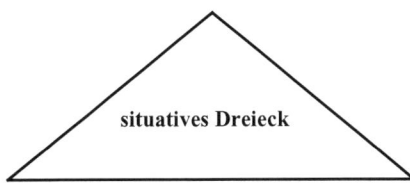

Situation
Haben Sie schon einmal einen Konflikt mit einem Mitarbeiter gehabt? Wie war die Situation?

situatives Dreieck

Verhalten
Wie sind Sie in diesem Konflikt vorgegangen? Waren noch weitere Mitarbeiter oder Führungskräfte beteiligt? Welches Ziel haben Sie mit Ihrem Verhalten verbunden?

Konsequenz
Wie hat der Mitarbeiter darauf reagiert? Was war das Ergebnis Ihrer Auseinandersetzung?
Was würden Sie künftig anders machen?

3.4 Arbeitsverträge

Vertragliche Grundlagen

Der Arbeitsvertrag bildet mit Gesetzen, Tarifverträgen und Betriebsvereinbarungen die rechtliche Grundlage zwischen Arbeitgeber und Arbeitnehmer. Gesetze stellen zwingende Regelungen zum Arbeitnehmerschutz und Rahmenbedingungen zur Ausgestaltung von Arbeitsverträgen und des Arbeitsverhältnisses dar. Ein eigens konzipiertes Arbeitsrecht gibt es nicht. Vielmehr findet sich für individuelle wie für kollektive Arbeitsverträge eine Vielzahl von gesetzlichen und betrieblichen Regelungen. Individuelles Arbeitsrecht bezieht sich auf den Arbeitsvertrag und auf den Arbeitsschutz. Darüber hinaus wird das Arbeitsverhältnis auch durch das kollektive Arbeitsrecht beeinflusst, wozu das Recht auf Gründung von Gewerkschaften und Arbeitgeberverbänden zählt und deren Recht verbindliche Tarifabschlüsse zu vereinbaren sowie die Mitbestimmung der Arbeitnehmer im Betrieb.

3.4.1 Rechtliche Rahmenbedingungen des Personalmanagements

Abb. 50: Rechtliche Rahmenbedingungen des Personalmanagements[17]

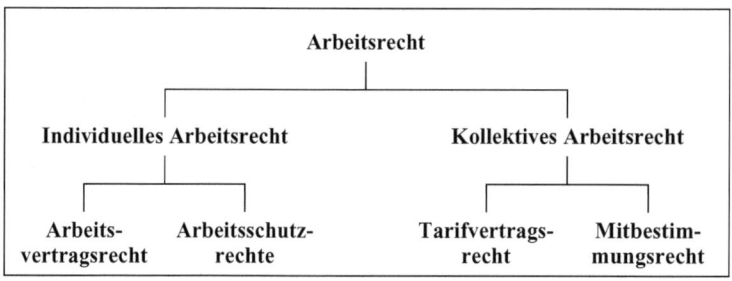

Gesetze lassen in der Regel Raum für Konkretisierungen durch Tarifverträge, die ebenfalls durch Betriebsvereinbarungen spezifiziert werden können. Gemäß dem **Günstigkeitsprinzip** können Arbeitgeber und Arbeitnehmer im Arbeitsvertrag grundsätzlich nur günstigere als tariflich oder betrieblich vereinbart oder gesetzlich bestimmte Absprachen treffen: Bsw kann der Kündigungsschutz für den Arbeitnehmer deutlich länger ausfallen als im Gesetz oder Tarifvertrag vorgesehen.

Grundsätzlich bedarf der Arbeitsvertrag nicht der schriftlichen Form, denn auch mündliche Vereinbarungen sind bindend. Gesetzliche[18] oder tarifli-

---

17 (Jung 2005, 52)
18 Arbeitgeber haben die Pflicht gemäß Nachweisgesetz bei Mitarbeitern, die sie länger als einen Monat beschäftigen, die wesentlichen Vertragsbedingungen nachträglich schriftlich niederzulegen und sie dem Mitarbeiter auszuhändigen. Zu den wesentlichen Vertragsbedingungen zählt das Nachweisgesetz (§2 NachwG):
  • Name der Vertragsparteien
  • Beginn des Arbeitsverhältnisses
  • Arbeitsort bzw. Hinweis auf Einsatz an mehreren Arbeitsorten
  • Bezeichnung der zu leistenden Tätigkeit
  • Höhe des Arbeitsentgeltes

3.4 Arbeitsverträge

Abb. 51: Individuelles und kollektives Arbeitsrecht

Individuelles Arbeitsrecht (Klimecki/Gmür 2001, 137ff)
• **Europarecht:** z.B. EU-Arbeitszeitrichtlinie: Bereitschaftsdienst ist im vollen Umfang zur Arbeitszeit zu rechnen; Art. 39 EGV: Freizügigkeit von Arbeitnehmern • **Grundgesetz:** Freie Entfaltung der Persönlichkeit (Art. 2 GG), Gleichheitsgrundsatz (Art. 3 GG), Berufsfreiheit und freie Arbeitsplatzwahl (Art. 12 GG) • **Bürgerliches Gesetzbuch** (BGB): §§ 611 – 630: allg. Arbeits- und Dienstvertragsrecht) • **Betriebsverfassungsgesetz** (BetrVG): §§ 75, 81 – 84 individuelle Arbeitnehmerrechte auf die Unterrichtung, Anhörung und Beschwerde • **Arbeitszeitgesetz/Bundesurlaubsgesetz:** Gestaltung der individuellen Arbeitszeit auf Woche- und Jahresbasis (Mindesturlaub: 24 Tage) • **Entgeltfortzahlungsgesetz:** Entgeltfortzahlung an Feier- und Krankheitstagen (Arbeitgeber trägt die Personalkosten bis zu sechs Wochen Krankheit selbst) • **Kündigungsschutzgesetz:** regelt die Kündigungszeiten im Allgemeinen • **Jugendarbeitsschutzgesetz, Mutterschutzgesetz, Berufsbildungsgesetz, Schwerbehindertenschutzgesetz, Heimarbeitsgesetz** regeln Arbeitszeiten, Urlaubsbestimmungen und Schutzrechte für besondere Arbeitnehmergruppen • **Beschäftigungsförderungsgesetz:** regelt und relativiert Arbeitnehmerschutzrechte zugunsten der Arbeitgeber; begründet private Arbeitsvermittlung • **Teilzeit-** und **Befristungsgesetz:** u.a. Diskriminierungs- und Benachteiligungsverbot von teilzeit- und befristet Beschäftigten
Kollektives Arbeitsrecht
• **Grundgesetz:** Koalitionsfreiheit (Art. 9 GG) • **Tarifvertragsgesetz:** regelt die Tarifautonomie von Gewerkschaften und Arbeitgeberverbänden • **Tarifverträge:** regeln Entlohnung, Arbeitszeiten und Eingruppierung von Arbeitnehmern (hier relevant: vor allem Bundesangestelltentarif, Arbeitsvertragsrichtlinien des Caritas, der Diakonie u.a.) • **Betriebsverfassungs- und Mitbestimmungsgesetz:** regeln die Mitbestimmung und Mitwirkungsrechte der Arbeitnehmervertretungen

che Vorschriften[19] verlangen aber die Schriftform bei bestimmten Bedingungen, insb. für Befristungsabreden (im sog. Teilzeit- und Befristungsgesetz: § 14 IV TzBfG.)

- Vereinbarte Arbeitszeit
- Urlaubsregelungen
- Kündigungsfristen
- Hinweis auf anzuwendende Tarifverträge und/oder Betriebsvereinbarungen

19 Der Bundesangestelltentarif (BAT), der für zahlreiche soziale Einrichtungen direkt oder zumindest in Anlehnung gilt, schreibt in BAT §4 Abs. 1 die Schriftform für den Arbeitsvertrag bindend vor.

> **Merke:**
> Es ist sinnvoll bei Arbeitsverträgen die Schriftform zu wählen. Um etwaige Missverständnisse auszuschließen, sollten vorformulierte Verträge gewählt oder aber die verwendeten Arbeitsvertragsmuster arbeitsrechtlich geprüft werden.

3.4.2 Rechte und Pflichten aus dem Arbeitsvertrag

Aus dem Arbeitsvertrag erwachsen dem Arbeitnehmer wie dem Arbeitgeber Rechte und Pflichten.

Abb. 52: Rechte und Pflichten aus dem Arbeitsvertrag

Arbeitnehmer	Arbeitgeber
• Erbringung der Arbeitsleistung • Treuepflicht • Pflicht zum sorgsamen Umgang mit dem Eigentum des Arbeitgebers • Verschwiegenheitspflicht • Wettbewerbsverbot	• Bezahlung der vertraglich vereinbarten Vergütung • Gleichbehandlungspflicht • Beschäftigungspflicht • Fürsorgepflicht

Diese Rechte und Pflichten werden teilweise konkret im Einzelfall im Arbeitsvertrag fixiert, durch Tarifverträge und Betriebsvereinbarungen ergänzt (z.B. Gehaltshöhe, Tarifsteigerungen, Sonder- und Zusatzleistungen) oder durch Rechtssprechung konkretisiert. Verstöße gegen die Pflichten aus dem Arbeitsvertrag werden durch Abmahnung und Kündigung aber auch durch Schadenersatzforderungen geahndet.

Arbeitnehmer
Als Arbeitnehmer wird eine Person bezeichnet, die weisungsgebunden und eingegliedert in die betriebliche Organisation, damit also fremdbestimmt, Arbeiten für einen Dritten verrichtet[20]. Sie kann sich nicht durch Dritte vertreten lassen. Nicht jede Tätigkeit für Dritte (im Rahmen eines Dienstvertrages (§ 611 BGB) sind demnach fremdbestimmte Tätigkeiten, sondern können auch von Selbständigen erbracht werden.

Deshalb unterscheidet sich die Arbeitnehmertätigkeit vom Dienstvertrag im engeren Sinne und vom Werkvertrag.

3.4.3 Arbeitnehmer und Scheinselbstständige

Im Vergleich zur Arbeitnehmertätigkeit verbleibt bei selbständiger Arbeit das Unternehmerrisiko beim Selbständigen. Er ist zudem dafür verantwortlich, selbsttätig die entsprechenden Sozialabgaben abzuführen. Aus diesem finanziellen Grund scheint es nicht unattraktiv für Einrichtungen zu sein, von bisher abhängig Beschäftigten geleistete Arbeit durch Dienst-

---

20 Beamte sind in diesem Sinne keine Arbeitnehmer, da sie ihre Tätigkeiten im Rahmen eines öffentlichen Dienstverhältnisses ausüben (Jung 2005, 53)

3.4 Arbeitsverträge

Abb. 53: Arbeits-, Dienst- und Werkvertrag

Arbeitsvertrag	Dienstvertrag (§ 611 BGB)	Werkvertrag (§ 631 BGB)	Vertragsarten
• **Abhängigkeitsverhältnis** (Weisungsgebundenheit, Eingliederung in den Arbeitsprozess und in die Arbeitsordnung, ausschließliche Tätigkeit für den Arbeitgeber) • Keine selbständige Teilnahme am Markt • Arbeits- und Sozialrecht gelten • Zustimmungspflichtig durch den Betriebsrat • Kein unternehmerisches Risiko • Arbeitnehmer schuldet Dienst	• **Selbständige** bzw. weisungs**un**abhängige Arbeitsleistungen (Dozenten, Ärzte, Rechtsanwälte ...) • Selbständiger oder arbeitnehmerähnlicher Dienstnehmer und selbständiger Dienstvertraggeber • Keine Gültigkeit des Arbeits- und Sozialrechts;	• Selbständiger Werkvertragnehmer und selbständiger Werkvertraggeber • Keine Gültigkeit des Arbeits- und Sozialrechts • **Werkunternehmer schuldet Ergebnis** und Dienst • Gültigkeit der Mängelbeseitigungs- und Gewährleistungsregelungen (§633 BGB)	

oder Werkverträge auszugliedern. Honorarkräfte sind günstiger als beschäftigte Arbeitnehmer. Zudem entfallen Kündigungsschutzregelungen, so dass bei Mindernachfrage eine unproblematische Trennung vom Auftragnehmer möglich ist.

Damit keine Sozialversicherungsbeiträge entzogen werden, indem Unselbständige in die Selbständigkeit abgedrängt werden, unterscheidet das Sozialgesetzbuch in Arbeitnehmer, Selbständige und in Scheinselbständige, die dem Grunde nach unselbständige Arbeitnehmer sind und für die entsprechend Sozialbeiträge abzuführen sind. Wenn **drei** der folgenden **fünf** Kriterien des **SGB IV § 7IV** erfüllt sind, besteht die rechtliche Vermutung, dass bei einer Person statt einer selbständigen eine scheinselbständige und damit unselbständige Beschäftigung vorliegt.

Scheinselbstständige

> **Merke:**
> Nicht geleistete Beiträge sind **bis zu vier Jahre** nach zu entrichten. Dies obliegt dem **Arbeitgeber**

SGB IV § 7IV:
1. Die Person beschäftigt im Zusammenhang mit ihrer Tätigkeit regelmäßig keinen versicherungspflichtigen Arbeitnehmer, dessen Arbeitsentgelt aus diesem Beschäftigungsverhältnis regelmäßig 325 € übersteigt.

2. Sie ist auf Dauer und im Wesentlichen nur für einen Auftraggeber tätig
3. Ihr Auftraggeber lässt entsprechende Tätigkeiten regelmäßig durch von ihm beschäftigte Arbeitnehmer verrichten
4. Ihre Tätigkeit lässt typische Merkmale unternehmerischen Handelns nicht erkennen.
5. Ihre Beschäftigung entspricht dem äußeren Erscheinungsbild nach der Tätigkeit, die sie für denselben Auftraggeber zuvor aufgrund eines Beschäftigungsverhältnisses ausgeübt hatte.

Wird eine abhängige Beschäftigung seitens der Sozialversicherungsträger festgestellt, obliegt der Mitarbeiter allen Rechten und Pflichten aus einem Arbeitsverhältnis. Dies äußert sich nicht nur durch die Sozialversicherungspflicht, sondern auch aller Arbeitnehmerrechte. Da kein Arbeitsvertrag vorliegt, dieser jedoch auch nicht der Schriftform bedarf, ist von einem **unbefristeten Arbeitsverhältnis** auszugehen.

Vom Selbständigen ebenfalls abzugrenzen ist der **arbeitnehmerähnliche Selbständige:** dies sind diejenigen, (§ 2 Nr. 9 SGB III), die:
1. keine versicherungspflichtigen Mitarbeiter beschäftigen, Familienmitglieder und Aushilfen wiederum ausgenommen,
2. im Wesentlichen nur für einen Auftraggeber tätig sind und
3. dennoch die Vermutung der Scheinselbständigkeit widerlegen konnten bzw. denen materiell keine Scheinselbständigkeit nachgewiesen werden konnte.

Arbeitnehmerähnliche Selbständige müssen ihre Sozialversicherungsbeiträge selbst (nach)entrichten (insb. Rentenversicherung!); den Auftraggeber trifft in diesem Fall also keine Zahlungsverpflichtung.

Beispiel

Praxisbeispiel:
Frau Müller hat in den vergangenen vier Jahren überwiegend für eine Bildungseinrichtung als Sozialpädagogin Jugendliche in Maßnahmen unterrichtet. Ihr Einkommen belief sich auf jeweils ca. 20.000 € pro Jahr. Die BfA stellt bei ihr fest, dass sie eine arbeitnehmerähnliche Selbständige ist und fordert 16.000 € Rentenversicherungsbeiträge nach.

3.4.4 Befristete Arbeitsverhältnisse

Befristungsmöglichkeiten

Der Normalfall der abgeschlossenen Arbeitsverträge ist der unbefristete Arbeitsvertrag. Zunehmend erhalten Mitarbeiter im sozialen Bereich (zumindest in der Anfangsphase) nur noch befristete Arbeitsverträge. Nach dem TzBfG sind seit dem 01.01.2001 zwei Formen von Befristungen rechtlich zulässig[21]:
- Mit sachlichem Grund
- Ohne sachlichen Grund

3.4 Arbeitsverträge

Das Gesetz unterstellt, dass das unbefristete Arbeitsverhältnis die Regel ist und stellt daher besondere Anforderungen an die Befristung. Bei einer Zweckbefristung ist der Befristungsgrund mit aufzuführen.

Zulässigkeit des sachlichen Grundes (§ 14.1 TzBfG):
- **vorübergehender** betrieblicher Bedarf an der Arbeitsleistung
- Arbeitnehmer zur **Vertretung** eines anderen Arbeitnehmers (Krankheit, Elternzeit)
- Befristung im Anschluss an Ausbildung oder Studium erfolgt, um Übergang in Anschlussbeschäftigung zu erleichtern
- Befristung zur Erprobung (bis zu sechs Monate)
- Vergütung des Arbeitnehmers aus **Haushaltsmitteln** (z.B. Projekte, Auftragsmaßnahmen)
- die Befristung beruht auf einem gerichtlichen Vergleich

Befristete Verträge ohne sachlichen Grund (§ 14.2 TzBfG.)
- **bis zur Dauer von 2 Jahren**, wenn zuvor bei demselben Arbeitgeber **kein** befristetes oder unbefristetes Arbeitsverhältnis bestanden hat (**echte Neueinstellung**); innerhalb dieser 2 Jahre dürfen insgesamt bis zu 4 befristete Verträge hintereinander geschaltet werden (z.B. 4 mal 6 Monate); ein Tarifvertrag darf abweichende Regelungen enthalten!   Voraussetzungen
- mit **Arbeitnehmern, die das 58. Lebensjahr vollendet** haben, wenn nicht zu einem vorhergehenden unbefristeten Arbeitsvertrag mit demselben Arbeitgeber ein enger sachlicher Zusammenhang besteht (ein solcher wird insbesondere angenommen, wenn dazwischen nicht mindestens sechs Monate liegen).

Weitere wichtige Regelungen zur Befristung
- Befristungen bedürfen zur ihrer Wirksamkeit der **Schriftform**
- **Fortsetzung der Beschäftigung** über die Frist- oder Zweckerreichung hinaus führt zur Entstehung eines unbefristeten Arbeitsverhältnisses
- **Unwirksame Befristungen** führen zur Uminterpretation des Arbeitsvertrages als unbefristet abgeschlossen
- Arbeitgeber muss befristet Beschäftigte über zu besetzende **unbefristete Arbeitsplätze** informieren und dafür Sorge tragen, dass sie an **Aus- und Weiterbildung** in angemessenem Umfang teilnehmen können

---

21 Zudem unterscheidet das TzBfG in kalendermäßige Befristung (Das Arbeitsverhältnis mit uns endet am 31.12.06, ohne dass es einer Kündigung bedarf) oder in Befristung bis zur Zielerreichung die aus Art, Zweck oder Beschaffenheit der Arbeitsleistung resultiert (Der Mitarbeiter B wird als Krankheitsvertretung für den Mitarbeiter A eingestellt. Sein Arbeitsverhältnis gilt solange bis die Arbeitsfähigkeit des Mitarbeiters A wiederhergestellt ist). Meist wird beides miteinander kombiniert. Der Mitarbeiter kann dann das Ende der Beschäftigung besser einschätzen.

Beispiel

> **Praxisbeispiel:**
> Die Sozialpädagogin Marita Müller ist bis zum 30.06. befristet bei einem Bildungswerk angestellt. Ihre Aufgabe ist die Betreuung und Vermittlung von Jugendlichen in einer Ausbildungsmaßnahme im Auftrag der Agentur für Arbeit. Wie in den vergangenen Jahren konnte eine Folgemaßnahme zum 01.07. gewonnen werden, für die Frau Müller vorgesehen ist. Nach Beendigung der alten Maßnahme arbeitet Frau Müller mit großem Engagement in der neuen Maßnahme zunächst an der Gewinnung und Auswahl der neuen Teilnehmer. Einen Arbeitsvertrag erhält sie erst am 10.07. vom Einrichtungsleiter. Dieser soll wiederum an den Verlauf angepasst befristet sein. Sie lehnt dies ab mit Hinweis auf den § 625 BGB: Stillschweigende Verlängerung:
> »Wird das Dienstverhältnis nach dem Ablauf der Dienstzeit von dem Verpflichteten mit Wissen des anderen Teiles fortgesetzt, so gilt es als auf unbestimmte Zeit verlängert, sofern nicht der andere Teil unverzüglich widerspricht«.

Auswirkungen unwirksamer Befristungen

Wenn die Befristung unwirksam ist, entsteht grundsätzlich ein **unbefristetes Arbeitsverhältnis**. Es gilt dann der gesetzliche Kündigungsschutz. Da die Befristung grundsätzlich dem Kündigungsschutz des Arbeitnehmers entgegensteht, sind Befristungen, insbesondere wenn mehrere Verträge hintereinander abgeschlossen werden (sog. Kettenarbeitsverträge), sehr sorgsam zu prüfen, ob nicht eventuell das Unternehmerrisiko (das auch für soziale Einrichtungen gilt!) unzulässigerweise auf den Arbeitnehmer abgewälzt wird.

3.4.5 Unbefristeter Arbeitsvertrag
(siehe Personaloffice, letzter Zugriff 09.02.05)

Anstellungsvertrag
Zwischen .... (im folgenden »Einrichtung«
und Frau/Herrn .... (im folgenden »Arbeitnehmer«)
wird folgendes vereinbart:

Vertragsmuster

§ 1 Beginn des Anstellungsverhältnisses/Tätigkeit
Der Arbeitnehmer wird mit Wirkung vom . . . als . . . eingestellt. Der Arbeitnehmer verpflichtet sich, im Bedarfsfall auch andere ihm zumutbare Tätigkeiten im Betrieb zu übernehmen. Eine Gehaltsminderung darf hiermit jedoch nicht verbunden sein.

§ 2 Probezeit/Kündigungsfristen
Die ersten . . . Monate des Anstellungsverhältnisses gelten als Probezeit. Während der Probezeit können beide Parteien den Anstellungsvertrag mit einer Frist von . . . Wochen zum Monatsende kündigen. Nach Ablauf der Probezeit ist eine Kündigung nur unter Einhaltung einer Frist von . . . Wochen/Monaten zum . . . zulässig. Verlängert sich die Kündigungsfrist für die Einrichtung aus tariflichen oder gesetzlichen Gründen, gilt diese Verlängerung auch für den Arbeitnehmer. Das Anstellungsverhältnis endet mit Ablauf des Monats, in dem der Arbeitnehmer das . . . Lebensjahr vollendet, ohne dass es einer Kündigung bedarf. Jede Kündigung bedarf der Schriftform Eine Kündigung des Anstellungsvertrages vor Dienstantritt ist ausgeschlossen.

§ 3 Vergütung
Die monatliche Bruttovergütung beträgt während der Probezeit € ..., nach Ablauf der Probezeit € ... *(richtet sich nach dem BAT B/L, Vergütungsgruppe IVb z.B.).* Die Vergütung wird jeweils am Letzten eines Monats fällig. Die Zahlung erfolgt bargeldlos auf das der Einrichtung benannte Konto des Arbeitnehmers. Die Zahlung von etwaigen Sondervergütungen (Gratifikationen, Urlaubsgeld, Weihnachtsgeld etc.) erfolgt in jedem Einzelfall freiwillig und ohne Begründung eines Rechtsanspruchs für die Zukunft.

§ 4 Abtretungen/Pfändungen
Die teilweise oder vollständige Abtretung und Verpfändung der Vergütung ist ausgeschlossen. Im Falle einer Lohnpfändung ist die Einrichtung berechtigt, als Bearbeitungsgebühr ... % des jeweils abzuführenden Betrages einzubehalten.

§ 5 Arbeitszeit/Überstunden
Die Arbeitszeit richtet sich nach der betriebsüblichen Zeit und beträgt derzeit wöchentlich ... Stunden ohne die Berücksichtigung von Pausen. Die Einrichtung ist berechtigt, bei dringenden betrieblichen Erfordernissen Überstunden anzuordnen. Bis zu ... Überstunden kann der Arbeitnehmer nach Absprache mit der Einrichtung durch Freizeit ausgleichen oder sich vergüten lassen. Darüber hinausgehende Überstunden werden grundsätzlich vergütet. Der Überstundenzuschlag beträgt ... %. Die Auszahlung der Überstundenvergütung erfolgt jeweils mit der Vergütung des Folgemonats.

§ 6 Urlaub/Nebentätigkeit
Der Arbeitnehmer erhält ... Werktage Urlaub. Urlaubsjahr ist das Kalenderjahr. Der Zeitpunkt des jeweiligen Urlaubsantritts ist mit den betrieblichen Notwendigkeiten abzustimmen. Während des Urlaubs ist jede auf Erwerb gerichtete Tätigkeit untersagt. Während der Dauer des Anstellungsverhältnisses ist jede Nebenbeschäftigung untersagt, die die Arbeitsleistung des Angestellten oder die Interessen der Einrichtung in sonstiger Weise beeinträchtigen kann. Der Arbeitnehmer ist verpflichtet, die Einrichtung vor jeder Aufnahme einer Nebenbeschäftigung zu informieren.

§ 7 Arbeitsverhinderung
Der Arbeitnehmer ist verpflichtet, im Falle einer Arbeitsverhinderung infolge Krankheit oder aus sonstigen Gründen der Einrichtung unverzüglich Mitteilung zu machen. Bei Arbeitsunfähigkeit infolge Erkrankung hat der Angestellte der Einrichtung spätestens am dritten Tag der Erkrankung eine ärztliche Bescheinigung vorzulegen, aus der sich die Dauer der voraussichtlichen Arbeitsunfähigkeit ergibt.

§ 8 Verschwiegenheitspflicht
Der Arbeitnehmer verpflichtet sich, über alle betrieblichen Angelegenheiten, die ihm im Rahmen oder aus Anlass seiner Tätigkeit in der Einrichtung zur Kenntnis gelangen, auch nach seinem Ausscheiden Stillschweigen zu bewahren. Bei Beendigung des Anstellungsverhältnisses sind alle betrieblichen Unterlagen sowie etwa angefertigte Abschriften oder Kopien an die Einrichtung herauszugeben.

§ 9 Tarifvertrag
Es gelten die Regelungen des ... Tarifvertrages vom ... für ... in seiner jeweils geltenden Fassung/gelten die Bestimmungen des Bundesangestelltenvertrages Bund/Länder.

§ 10 Ausschlussklausel
Ansprüche aus dem Anstellungsverhältnis müssen innerhalb eines Monats nach Zugang der letzten Gehaltsabrechnung geltend gemacht werden; andernfalls sind sie verwirkt.

§ 11 Nebenabreden
Nebenabreden und Änderungen des Vertrages bedürfen zu ihrer Rechtsgültigkeit der Schriftform. Dieses Formerfordernis kann weder mündlich noch stillschweigend aufgehoben oder außer Kraft gesetzt werden. Eine etwaige Ungültigkeit einzelner Vertragsbestimmungen berührt die Wirksamkeit der übrigen Bestimmungen nicht.
Ort ....
Datum ....

....
Arbeitgeber   Arbeitnehmer

Befristeter Arbeitsvertrag (sachlicher Grund)

. . .

§ 2 Befristung/Beendigung des Arbeitsverhältnisses
Das Arbeitsverhältnis endet mit Ablauf des . . ., ohne dass es einer ausdrücklichen Kündigung bedarf.
Die Befristung erfolgt aus folgenden Gründen: ....
Als Probezeit werden .... Wochen/Monate vereinbart. Während dieser Zeit kann das Arbeitsverhältnis unter Einhaltung einer Frist von 2 Wochen gekündigt werden. Während der Befristung ist eine ordentliche Kündigung des Arbeitsvertrages für beide Seiten unter Einhaltung einer Frist von . . . möglich.
. . .

Befristeter Arbeitsvertrag für Vertretung bei Erziehungsurlaub

. . .

§ 2 Befristung/Beendigung des Arbeitsverhältnisses
Das Arbeitsverhältnis endet mit Ablauf des . . ., ohne dass es einer ausdrücklichen Kündigung bedarf. Die Einstellung erfolgt zur Vertretung der/ des . . ., die/der bis einschließlich . . . den gesetzlichen Erziehungsurlaub in Anspruch nimmt. Auf das Sonderkündigungsrecht nach § 21 Abs. 4 BErzGG wird der Arbeitnehmer ausdrücklich hingewiesen **oder:** § 21 Abs. 4 BErzGG wird ausgeschlossen.
. . .

3.4.6 Beendigung des Arbeitsverhältnisses

Kündigung: immer schriftlich

Grundsätzlich ist das Arbeitsverhältnis auf Dauer angelegt. Eine Beendigung bedarf daher der (schriftlichen!) Kündigung. Wurde ein befristeter Arbeitsvertrag vereinbart, endet dieser mit Ablauf der Befristung. Infolge der deutlich schwächeren Position des Arbeitnehmers im Arbeitsverhältnis gegenüber dem Arbeitgeber, hat der Gesetzgeber eine Reihe von Kündigungsschutzrichtlinien erlassen, die erhebliche Verschärfungen durch das Richterrecht der Arbeitsgerichte erfahren haben. Kündigungsschutzregelungen finden sich einerseits im BGB, andererseits im Kündigungsschutzgesetz. Der BAT sieht wie andere Tarifverträge zudem veränderte, für den Arbeitnehmer günstigere Kündigungsfristen sowie einen absoluten Kündigungsschutz ab dem 16. Betriebszugehörigkeitsjahr vor. Mitarbeiter im öffentlichen Dienst sind nach 15 Jahren Beschäftigung nicht mehr betriebsbedingt kündbar.

Kündigungsarten:[22]

1. **Ordentliche Kündigung: Regelfall** — Fristgebundene Kündigungen
Grundsätzlich nur möglich bei unbefristeten Arbeitsverhältnissen. Bei befristeten Arbeitsverhältnissen muss ein Kündigungsrecht vertraglich vereinbart worden sein

- **Personenbedingte Kündigung**:
Der Kündigungsgrund liegt in der Person begründet. Sie ist dauerhaft nicht mehr in der Lage ihren Verpflichtungen aus dem Arbeitsvertrag nachzukommen.
Kündigungsgründe:
Erkrankungen, Eignungsmängel, Sucht: Grundsatz (sog. Dreistufenregel): schlechte Zukunftsperspektive, Zumutbarkeit für den Arbeitgeber, keine weitere Verwendung auf anderen Stellen

- **Verhaltensbedingte Kündigung**:
Der Kündigungsgrund liegt im Verhalten des Arbeitnehmers begründet. Sie ist meist mit Abmahnungen je nach Schwere verbunden; bei schweren Verfehlungen auch außerordentliche Kündigung.
Kündigungsgründe
Minderleistung (siehe Abmahnungsgründe), gestörtes Vertrauen: Diebstahl, Straftaten, Beleidigungen, Tätlichkeiten, sexuelle Belästigungen, Konkurrenztätigkeit, eigenmächtiger Urlaubsantritt bzw. Verlängerung

- **Betriebsbedingte Kündigung**:
Der Kündigungsgrund liegt in der schlechten Absatzlage der Einrichtung begründet, wobei Finanzmittelknappheit nicht ausschlaggebend ist. Eine Weiterbeschäftigung der Mitarbeiter muss das Unternehmen in seiner Existenz gefährden. Es gilt der Grundsatz der Verhältnismäßigkeit. Außerdem muss geprüft werden, ob eine Weiterbeschäftigung auf einem anderem Arbeitsplatz nicht gegeben sein kann: der Arbeitgeber ist verpflichtet eine vorherige Sozialauswahl vorzunehmen. Allerdings gilt das LiFo – Prinzip: Last in – First out! Mitarbeiter, die länger beschäftigt sind, werden später gekündigt.
Kündigungsgrund: *Arbeitsmangel*

---

22 Eine Übersicht für den Pflegebereich hat Kelm (2005, 116ff.) zusammengestellt

Fristlose Kündigungen

2) Außerordentliche Kündigung:
- **Grobe** Schädigungen im Verhaltens- und Vertrauensbereich
- Grundsatz: nach Bekannt werden des Kündigungsgrundes muss innerhalb von zwei Wochen die fristlose Kündigung ausgesprochen werden. Wird sicherheitshalber meist mit einer vorbehaltlichen ordentlichen fristgemäßen Kündigung verbunden
- Führt zu Sperrfristen bei der Gewährung von Arbeitslosengeld
Kündigungsgründe
Tätlichkeiten, Grobe Beleidigungen, Konkurrenztätigkeit, Schmiergeldannahme, Sexuelle Belästigungen, Wilder Streik, Ansteckende Krankheiten

3) Änderungskündigung:
Kündigung des alten Arbeitsvertrages (z.B. bei betriebsbedingter Kündigung) und Angebot eines neuen Arbeitsvertrages

4) Aufhebungsvertrag: beidseitige Kündigung
- Meist mit Abfindung verbunden
- Kann ein Mittel sein, um fristlose Kündigung abzuwenden
- Zieht häufig Sperrzeiten des Mitarbeiters nach sich

Abb. 54: Kündigungsfristen[23]

Beschäftigungsdauer	Kündigungsfrist	Zum
Bis 6 Monate (Probezeit)	2 Wochen	Jeden Tag
Bis 2 Jahre	4 Wochen	15. oder Monatsende
2 – 4 Jahre	1 Monat	Monatsende
5 – 7 Jahre	2 Monate	Monatsende
8 – 9 Jahre	3 Monate	Monatsende
10 – 11 Jahre	4 Monate	Monatsende
12 – 14 Jahre	5 Monat	Monatsende
15 – 19 Jahre	6 Monate	Monatsende
20 und mehr	7 Monate	Monatsende

---

23 Geregelt im Tarifvertrag und/oder im BGB § 622 ff

3.5 Die Personalhonorierung

> **Wichtig!**
>
> **Beachte:**
> - In vielen Tarifverträgen wurden darüber hinausgehende Kündigungsfristen bestimmt: meist bis zum Quartalsende
> - Gültige Kündigungen (auch die des Arbeitnehmers!!) bedürfen der **Schriftform** (seit dem 1. Mai 2000)
> - Für Schwerbehinderte, Schwangere und Auszubildende gelten besondere **weitergehende Kündigungsschutzbedingungen**
> - Kündigungen dürfen nur vom **Kündigungsberechtigten** (Geschäftsführer, Leiter) ausgesprochen werden
> - Kündigungen sind **empfangsbedürftig**
> - Der Betriebsrat muss zu Kündigungen **gehört** werden.
> - Kündigungen müssen gerechtfertigt sein; bei **unter 10 Mitarbeitern** entfällt die Verpflichtung der **Sozialauswahl** und der allg. Kündigungsschutz
> - Mitarbeiter muss innerhalb von **drei Wochen** nach Zugang der Kündigung **Widerspruch** gegen die Kündigung erheben und auf Feststellung des weiter bestehenden Arbeitsverhältnisses klagen
> - Meist findet vor dem richterlichen Urteilsspruch eine **Güteverhandlung** statt, bei der es um Wiedereinstellung und/oder die Höhe der **Abfindung** geht

Praxistipp: Trennung von Personal

> **Tipp**
>
> - Statt zu kündigen, sollten Sie **immer** eine **friedliche Lösung** vorziehen.
> - Denken Sie immer an Ihre **Fürsorgepflicht**.
> - Können Sie dem Mitarbeiter nicht einen anderen **Arbeitsplatz** anbieten?
> - Vielleicht ist ein **Outplacement** möglich: Sie vermitteln den Mitarbeiter an einen anderen Arbeitgeber oder Sie unterstützen ihn bei der Suche nach anderen Beschäftigungsmöglichkeiten.
> - Wenn Sie sich von einem Mitarbeiter einvernehmlich trennen können, vereinbaren Sie einen **Aufhebungsvertrag.**
> - Bedenken Sie, dass ein Aufhebungsvertrag zu einer Sperre bei der Beantragung von **Arbeitslosengeld** führen kann.
> - Kalkulieren Sie eine **Abfindung** (goldener Handschlag) mit ein. Abfindungsbeträge werden vereinbart. Arbeitsgerichtlich haben sich Beträge (je nach Chancen des Klägers!) als Orientierung durchgesetzt, die etwa ein halbes monatliches Bruttogehalt pro Beschäftigungsjahr vorsehen.
> - Kündigen aus betrieblichen Gründen setzt immer eine **Sozialauswahl** voraus: Sie können arbeitsrechtlich nur nach der Faustformel: LiFo Personal abbauen**: Last in, First out.**
> - Vermeiden Sie möglichst einen **Arbeitsgerichtsprozess.**
> - Einigen Sie sich außergerichtlich.
> - Wenn ein Prozess unvermeidlich ist, sparen Sie jedoch nicht an Ihrem **Rechtsanwalt.**

3.5 Die Personalhonorierung

Für ihre Arbeitsleistung erhalten die Mitarbeiter meist monetäre Gegenleistungen. Sie dienen dazu, sie angemessen zu entlohnen und zu motivieren. Welchen Umfang die Entlohnung einnehmen muss oder sollte ist nicht nur eine Frage der Gerechtigkeit und des Aushandelns sondern auch der Motivierung durch Zufriedenheit. Ausgehend vom Anspruchsniveau eines jeden Mitarbeiters wird die subjektiv bewertete Angemessenheit der Be- bzw. Entlohnung für die tatsächliche erbrachte Leistung zum Gradmesser der Zufriedenheit und damit zum entscheidenden extrinsischen Motivationsfaktor (Klimecki/Gmür 2001, 274).

Das Anspruchsniveau wiederum basiert auf verschiedenen Gerechtigkeitsvorstellungen, die sich intern an Anforderungen, Leistung und sozialen Gesichtspunkten zwischen den Mitarbeitern orientieren, extern die Bedürfnisse des Arbeitgebers auf Gewinn und Existenzsicherung und das jeweilige Marktpreisniveau für Arbeitskräfte mit zu berücksichtigen hat.

3.5.1 Berücksichtigung von Gerechtigkeitskriterien

Gerechte Entlohnung

1. **Interne Verteilungsgerechtigkeit:**
   - **Anforderungsgerechtigkeit:** je größer und umfassender die geistigen, körperlichen und seelischen Anforderungen an eine Person sind, um so größer sollte ihr Gehalt sein:
     Beispiel: Eingruppierung von Mitarbeitern im Bundesangestelltentarif je nach Ausbildungsgrad (fachliche Kompetenz), Leitungsverantwortung und Stellenbezug
   - **Leistungsgerechtigkeit:** Je größer die Leistung einer Person war, um so größer sollte ihr Gehalt sein:
     Beispiel: in der Reform des BAT werden ab 2007 bis zu 8 % der Gehaltssumme in Form von Leistungszulagen ausgezahlt.
   - **Sozialgerechtigkeit:** je größer der Beitrag einer Person zur Realisierung sozialpolitischer Ziele ist, umso größer sollte sein Gehalt sein.
     Beispiel: Bislang im BAT ein wichtiges Verteilungsprinzip: »Belohnt« wird Familienstand und Kinderanzahl im sog. Ortszuschlag. In der Sozialversicherung, die mit ca. 40 %-Anteil an den Bruttobezügen[24] einen dominanten Anteil einnimmt, sind zahlreiche Sozialkomponenten mit eingebaut.

2. **Unternehmenserfolgsgerechtigkeit**
   Je größer das unternehmerische Risiko ist, umso höher sollte der Anteil an der Wertschöpfung für die Einrichtung sein.
   Beispiel: Die Verteilung der Wertschöpfung zwischen Personal einerseits und Einrichtung andererseits muss berücksichtigen, dass die Einrichtung dabei keine Verluste erleidet bzw. noch einen angemessenen Gewinn in die Rücklagen einstellen kann[25]. Die Tarifstreitigkeiten im öffentlichen Dienst der Länder mit der Gewerkschaft Ver.di um die

---

[24] Der Arbeitgeberanteil wird hierbei mit dazu gezählt. Berücksichtigt man zudem die Lohnfortzahlung im Krankheitsfall liegt diese Quote noch höher.
[25] Unterstellt man berechtigterweise, dass die meisten Einrichtungen keine (direkten) Gewinnabsichten haben, sollte trotzdem ein angemessener Gewinn als Risiko- und damit Existenzvorsorge akzeptabel sein.

3.5 Die Personalhonorierung

Arbeitszeiterhöhung, begründet mit hohen Defiziten der Länder, ist typischer Ausdruck davon.

Wichtig!

3. Marktgerechtigkeit
Je größer der Arbeitsmarktwert einer Person ist, umso größer sollte ihr Gehalt sein.
Beispiel: In der Vergangenheit wurden in der Erwachsenenbildung Gehälter für Pädagogen bezahlt (BAT IIa), die sich an vergleichbaren Gehältern von Lehrern (A 13/BAT IIa) und Mitarbeitern an Universitäten (ebenfalls BAT IIa für wissenschaftliche Assistenten) orientierten, um entsprechend attraktive Stellen vorhalten zu können, weil man befürchtete, ansonsten keine adäquat qualifizierten Mitarbeiter gewinnen zu können. Unterstützt wurde diese Einstellungspraxis durch den Kostenträger, der eine 100 % Refinanzierung dieser Kräfte sicherstellte (vgl. bsw. Niedersächsisches Erwachsenenbildungsgesetz von 1974 – 1998).

Abb. 55: Verteilungsgerechtigkeit in der Lohnfindung (nach Hilb 2003)

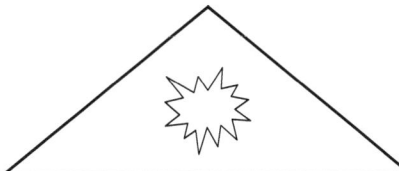

Interne Verteilungsgerechtigkeit
- Anforderungsgerechtigkeit
- Leistungsgerechtigkeit
- Sozialgerechtigkeit

Personalmarktpreisgerechtigkeit   **Unternehmenserfolgsgerechtigkeit**

Aufgrund der unterschiedlichen Zielvorstellungen zwischen Arbeitgebern und Arbeitnehmern stellt sich die schwierige Aufgabe, einen Ausgleich zu finden, der den Betriebsfrieden wahrt, aber auch nicht zu Lasten Dritter (z.B. Zuschussgeber, Steuerzahler) praktiziert wird. In Anlehnung an die Aussagen des strategischen Personalmanagements dürfte die Durchsetzung von Interessen maßgeblich von der Situation auf dem Absatzmarkt (also der Arbeit mit Klienten und deren Finanzierung) und auf dem Arbeitsmarkt (also der Beschaffung von Fachkräften und deren Marktchancen) abhängig sein. Lohnerhöhungen bzw. Vertragsverbesserungen (wie Arbeitszeitverkürzung) sind bei drohendem Personalabbau und Stellereduzierung deutlich schwieriger durchzusetzen als zu Zeiten sprudelnder Geldquellen und von Engpässen auf dem Arbeitsmarkt.

Interessensausgleich

3.5.2 Eingruppierung und Bewährungsaufstieg im BAT

Bisherige Regelungen

Durch die Reform des BAT werden ab 2005 grundlegende Veränderungen in der Entlohnung von Angestellten und Arbeitern im öffentlichen Dienst und den sich anschließenden sozialen Einrichtungen vorgenommen. Die bislang gültige Regelung sieht vor, dass bei der Feststellung der Grundvergütung eine Eingruppierung des Mitarbeiters in Vergütungsgruppen maßgeblich ist. Weiteres Kriterium ist das Eintrittsalter. Zusätzlich wird ein Ortszuschlag gewährt, der sich an den Vergütungsgruppen, an dem Familienstatus (verheiratet/nicht verheiratet) und an der Anzahl der Kinder bemisst. Zusätzlich werden weitere Zuschläge gewährt.

Berechnung des Bruttogehalts nach BAT

Praxisbeispiel:
Eine Sozialpädagogin (verheiratet, zwei Kinder, 36 Jahre alt) mit staatlicher Anerkennung als Leiterin einer Jugendarbeitseinrichtung wird nach BAT IVa eingruppiert
Sie erhält: monatlich[a]
1) Grundvergütung BAT IVa: 2.374,07 €
2) Ortszuschlag[b]: 790,40 €
3) Zuschlag 114,60 €
Summe 3.279,07 €

a. Das Weihnachtsgeld (Jahressonderzahlung) wird unterschiedlich nach Arbeitgebern gewährt. In vielen Fällen ist aufgrund von Sparmaßnahmen mit Mitarbeitervertretung oder Betriebsrat eine Reduzierung des Weihnachts- und eventuell auch Urlaubsgeldes für 2004 vereinbart worden. Es kam jedoch durchaus auch zu völliger (zunächst einmaliger!) Streichung des Weihnachtsgeldes.
b. Annahme: Der Ehemann arbeitet nicht im öffentlichen Dienst

Grundlage der Vergütung ist die Eingruppierung in die Vergütungsordnung des BAT gemäß § 22 Abs. 1 BAT[26] und den Anlagen 1a/b bzw. Teil 2G. Bestimmt wird die Eingruppierung nach:
- Ausbildungsgrad (Berufsausbildung, Studium, etc.)
- Bewährungszeit (= Arbeitsjahre)
- Aufgabenbereich (Tätigkeitsfeld, Leitungsfunktion)
- Leitungsspanne (wie viele Mitarbeiter werden geführt?)

Nachfolgend erläutert eine Zusammenstellung des Diakonischen Werkes die wesentlichen Unterscheidungsmerkmale einzelner Vergütungsgruppen.

---

26 § 22 BAT: Eingruppierung
(1) Die Eingruppierung der Angestellten richtet sich nach den Tätigkeitsmerkmalen der Vergütungsordnung (Anlagen 1a und 1b) Der Angestellte erhält Vergütung nach der Vergütungsgruppe, in der er eingruppiert ist.
(2) Der Angestellte ist in der Vergütungsgruppe eingruppiert, deren Tätigkeitsmerkmalen die gesamte von ihm nicht in vorübergehend auszuübender Tätigkeit entspricht.

3.5 Die Personalhonorierung

Abb. 56: Vergütungstabelle BAT Bund/Länder Stand 2004

Vergütungstabelle BAT Bund/Länder in €

Vergü-tungs-gruppe	21.	23.	25.	27.	29.	31.	33.	35.	37.	39.	41.	43.	45.	47.	49.
I	–	3011,68	3174,94	3338,23	3501,52	3664,81	3828,11	3991,36	4154,67	4317,94	4481,23	4644,53	4807,79	4971,06	–
Ia	–	2775,96	2902,87	3029,71	3156,58	3283,48	3410,38	3537,29	3664,14	3791,01	3917,91	4044,82	4171,66	4293,34	–
Ib	–	2467,85	2589,84	2711,82	2833,80	2955,78	3077,75	3199,75	3321,71	3443,71	3565,66	3687,65	3809,63	3931,31	–
IIa	–	2187,49	2299,53	2411,61	2523,62	2635,66	2747,72	2859,72	2971,79	3083,81	3195,90	3307,93	3419,91	–	–
IIb	–	2039,63	2141,76	2243,88	2346,02	2448,17	2550,29	2652,43	2754,57	2856,69	2958,86	3060,98	3105,59	–	–
III	1944,12	2039,63	2135,13	2230,64	2326,16	2421,67	2517,18	2612,68	2708,18	2803,71	2899,24	2994,76	3085,60	–	–
IVa	1762,31	1849,71	1937,11	2024,48	2111,89	2199,28	2286,68	2374,07	2461,47	2548,87	2636,26	2723,68	2809,85	–	–
IVb	1611,35	1680,71	1750,02	1819,35	1888,63	1957,98	2027,29	2096,63	2165,96	2235,27	2304,62	2373,93	2383,15	–	–
Va	1424,82	1479,74	1534,63	1593,98	1654,90	1715,86	1776,82	1837,77	1898,72	1959,67	2020,65	2081,60	2138,22	–	–
Vb	1424,82	1479,74	1534,63	1593,98	1654,90	1715,86	1776,82	1837,77	1898,72	1959,67	2020,65	2081,60	2085,81	–	–
Vc	1346,84	1396,35	1445,90	1497,87	1549,87	1604,03	1661,70	1719,42	1777,08	1834,78	1891,70	–	–	–	–
VIa	1275,43	1313,70	1351,93	1390,19	1428,41	1467,80	1507,97	1548,14	1589,01	1633,58	1678,16	1722,75	1767,31	1811,90	1850,13
VIb	1275,43	1313,70	1351,93	1390,19	1428,41	1467,80	1507,97	1548,14	1589,01	1633,58	1678,16	1713,03	–	–	–
VII	1181,60	1212,66	1243,73	1274,79	1305,86	1336,93	1367,97	1399,07	1430,12	1462,03	1494,67	1518,20	–	–	–
VIII	1093,09	1121,48	1149,92	1178,32	1206,74	1235,14	1263,58	1291,98	1320,39	1341,50	–	–	–	–	–
IXa	1057,31	1085,58	1113,83	1142,09	1170,32	1198,57	1226,81	1255,06	1283,22	–	–	–	–	–	–
IXb	1017,70	1043,48	1069,25	1095,01	1120,80	1146,58	1172,37	1198,14	1219,93	–	–	–	–	–	–
X	944,99	970,76	996,57	1022,32	1048,11	1073,88	1099,67	1125,45	1151,21	–	–	–	–	–	–

Ortszuschlagstabelle für die Angestellten in Euro €

Vergütungsgruppe	Stufe 1 ledig	Stufe 2 verheiratet	Stufe 3 1 Kind	Stufe 4 2 Kinder	Stufe 5 3 Kinder	Stufe 6 4 Kinder	Stufe 7 5 Kinder
I bis II b	565,28	672,18	762,75	853,32	943,89	1034,46	1125,03
III bis Va/b	502,36	609,26	699,83	790,40	880,97	971,54	1062,11
V c bis X	473,21	575,03	665,60	756,17	846,74	937,31	1027,88

Die allgemeine Zulage[a]

beträgt monatlich für die Vergütungsgruppe:	
X bis VIII	90,97 €
VIII bis V b	107,44 €
Vb bis IIa	**114,60 €**
Ib bis I	42,98 €

a. Quelle: Personalrat: Uni Tübingen, Stand 6/2004

3.5 Die Personalhonorierung

Abb. 57: Eingruppierung von SozialarbeiterInnen

Sozialarbeiter/Sozialpädagogen im Sozialdienst[a]

Eingruppierung als Vergütungsgrundlage

Fall-gruppe	Tätigkeitsmerkmal	Verg.-Gr.
1.	Sozialarbeiter/Sozialpädagogen im Sozialdienst	V b
2.	Mitarbeiter der Fallgruppe 1 nach zweijähriger Bewährung in einer Tätigkeit der Verg.-Gr. V b	IV b
3.	Sozialarbeiter/Sozialpädagogen mit entsprechenden schwierigen Tätigkeiten [1]	IV b
4.	Sozialarbeiter/Sozialpädagogen mit abgeschlossener Zusatzausbildung in einer der Zusatzausbildung entsprechenden Tätigkeit [2]	IV b
5.	Mitarbeiter der Fallgruppen 3 und 4 nach vierjähriger Bewährung in diesen Fallgruppen	IV a
6.	Sozialarbeiter/Sozialpädagogen, deren Tätigkeit sich durch besondere Schwierigkeit und Bedeutung aus der Fallgruppe 3 heraushebt [3]	IV a
7.	Mitarbeiter der Fallgruppe 6 nach vierjähriger Bewährung in dieser Fallgruppe	III
8.	Sozialarbeiter/Sozialpädagogen als Leiter von Diakonischen Werken, denen mindestens sechs Mitarbeiter in Tätigkeiten mindestens der Verg.-Gr. VI b im Sozial- und Erziehungsdienst durch ausdrückliche Anordnung ständig unterstellt sind	III
9.	Sozialarbeiter/Sozialpädagogen mit entsprechender Tätigkeit, denen mindestens zwölf Mitarbeiter in Tätigkeiten mindestens der Verg.-Gr. VI b im Sozial- und Erziehungsdienst durch ausdrückliche Anordnung ständig unterstellt sind	III
10.	Sozialarbeiter/Sozialpädagogen, deren Tätigkeit sich durch das Maß der verbundenen Verantwortung erheblich aus der Fallgruppe 6 heraushebt]	III
11.	Mitarbeiter der Fallgruppe 10 nach fünfjähriger Bewährung in dieser Fallgruppe]	II

a. **Anmerkungen:**
[1] Schwierige Tätigkeiten sind zum Beispiel die
a) Beratung von Suchtmittel-Abhängigen,
b) Beratung von HIV-Infizierten oder an AIDS erkrankten Personen,
c) begleitende Fürsorge für Heimbewohner und nachgehende Fürsorge für ehemalige Heimbewohner,
d) begleitende Fürsorge für Strafgefangene und nachgehende Fürsorge für ehemalige Strafgefangene,
e) Koordinierung von Arbeiten mehrerer Mitarbeiter mindestens der Verg.-Gr. V b
[2] Eine abgeschlossene Zusatzausbildung im Sinne dieses Tätigkeitsmerkmals liegt nur dann vor, wenn sie mindestens 300 Stunden theoretischen Unterricht (ohne Supervision) umfasst. Als Zusatzausbildung kommt bei Vorliegen der Voraussetzung nach Satz 1 zum Beispiel in Betracht: Ausbildung als Ehe- oder Erziehungsberater, Supervisor; Fortbildung für Gemeinwesenarbeit, heilpädagogische, sozialpsychiatrische, sozialtherapeutische Ausbildung; Ausbildung in Familientherapie.
[3] Eine Heraushebung aus der Fallgruppe 3 durch besondere Schwierigkeit und Bedeutung ist zum Beispiel gegeben bei der Tätigkeit von Sozialarbeitern/Sozialpädagogen, denen als Leiter eines Diakonischen Werkes mindestens drei Mitarbeiter in Tätigkeiten mindestens der Verg.-Gr. VI b im Sozial- und Erziehungsdienst durch ausdrückliche Anordnung ständig unterstellt sind oder denen als Sozialarbeiter/Sozialpädagoge mit entsprechender Tätigkeit mindestens sechs Mitarbeiter in Tätigkeiten mindestens der Verg.-Gr. VI b im Sozial- und Erziehungsdienst durch ausdrückliche Anordnung ständig unterstellt sind.

Wie am Beispiel des Diakonischen Werkes zu sehen, werden unterschiedliche Zeiträume für Bewährungsaufstiege in eine höhere Gehaltsgruppe gewährt.

Bewährungsaufstieg

Abb. 58: Bewährungsaufstieg (Arbeitsvertragsordnung des Bistums Hildesheim)

Gehaltsgruppe	Bewährungsaufstieg nach Jahren	Neue Gehaltsgruppe
VIIb	6 Jahre	VIb
Vb	8 Jahre	IVb
IVb	8 Jahre	IVa
IVa	8 Jahre	III
III	11 Jahre	IIa
IIa	11 Jahre	Ia
Ia	11 Jahre	I

BAT und Markt

In der jüngsten Vergangenheit haben im öffentlichen Dienst wie bei den freien Wohlfahrtsträgern zahlreiche Diskussionen und Reformbemühungen um den Tarifvertrag eingesetzt. Sinkende Festbeträge zur Finanzierung sozialer Aufgaben einerseits und steigende Personalkosten infolge der Steigerungsautomatik des BAT andererseits haben große Finanzlöcher bei den freien Trägern hervorgerufen. Stehen diese zudem um die Vergabe von öffentlichen Aufträgen im Wettbewerb mit nicht tarifgebunden Einrichtungen und Unternehmen, sind Einbrüche bei den Aufträgen und damit Entlassungen von Mitarbeitern die Regel geworden. Da die Produkte der Leistungsverwaltung zunehmend im Zuge der outputorientierten Steuerung genormt werden, gleichzeitig die Markteintrittsbarrieren durch Gesetzesnovellierung und gängige Praxis abgesenkt wurden, befinden sich viele Bereiche der sozialen Arbeit mittlerweile in einem Preiswettbewerb und weniger in einem Qualitätswettbewerb. Preiswettbewerb bedeutet, dass der den Zuschlag erhält, der eine festgesetzte Qualität zum geringsten Preis offeriert. Vor diesem Hintergrund ist der Ruf nach einer umfassenden Reform des BAT mehr als verständlich.

3.5.3 Probleme des Bundesangestelltentarifs

Probleme!

»Den BAT können wir uns nicht mehr leisten«
Wohlfahrtsverbände lösen sich vom Tarif
Ob Gehälter, Urlaub oder Arbeitszeit – für die weit über eine Million Beschäftigten der Wohlfahrtsverbände wurden die Tarifabschlüsse des Öffentlichen Dienstes über Jahrzehnte hinweg nahezu diskussionslos übernommen. In den vergangenen Jahren hat sich dies drastisch geändert. Mit großen Schritten setzte sich insbesondere die evangelische Diakonie vom Bundesangestelltentarif (BAT) ab. Leistungslöhne statt beamtenähnlicher Versorgung waren und

3.5 Die Personalhonorierung

sind das Thema, über das nun auch die Tarifpartner des Öffentlichen Dienstes in Potsdam verhandeln. »Den BAT können wir uns nicht mehr leisten«, sagt Diakonie-Sprecher Miguel-Pascal Schaar in Berlin zu den Verhandlungen. Der BAT, dessen Übernahme den Verbänden in der Vergangenheit mühsame eigene Tarifauseinandersetzungen ersparte, macht mit sein verkrusteten Strukturen der Wohlfahrt mehr und mehr zu schaffen. Private Anbieter schnappen Caritas und Co. junge und qualifizierte Kräfte vor der Nase weg, können dank komplett anderer Tarifstrukturen aber trotzdem billiger wirtschaften. In Scharen brachen bei Arbeiterwohlfahrt und Rotem Kreuz Einrichtungen aus dem Bundestarif aus; vor allem soziale Einrichtungen der evangelischen Diakonie gliederten Reinigungsarbeiten und andere gering qualifizierte Arbeiten aus, um nicht mehr an den BAT gebunden zu sein. 1998 führte das Diakonische Werk erstmals Niedriglohngruppen ein.

Nach der vorangegangenen Tarifeinigung im Öffentlichen Dienst Anfang 2003 war es dann mit dem Frieden gerade bei den konsensgewohnten kirchlichen Trägern vorbei. »Die Fetzen sind gewaltig geflogen«, berichtete ein Teilnehmer von den Verhandlungen bei der Caritas. Erstmals in der Geschichte des mit 495.000 Beschäftigten größten Arbeitgebers in Deutschland musste der Ältestenrat schlichtend eingreifen. Die Diakonie mit gut 400.000 Arbeitnehmern schlitterte nur knapp an einer noch nie da gewesenen Schlichtung vorbei. Mit tariflichen Tricks konnten die Wohlfahrtsverbände schließlich die Kosten für ihre Einrichtungen begrenzen und dennoch den Anschluss an den Öffentlichen Dienst halten.

Ob Caritas, Diakonie oder Arbeiterwohlfahrt – wie der Öffentliche Dienst verhandeln aber alle längst über neue Gehaltsstrukturen. Auf regionaler Ebene gibt es insbesondere bei der Diakonie auch schon erste Vorbilder. So schloss die Diakonie Nordelbien erstmals einen richtigen Tarifvertrag ab, in Niedersachsen legte sie im September 2003 ganz neuartige so genannte Arbeitsvertragsrichtlinien (AVR) vor. Weg von einer beamtenähnlichen Versorgung, hin zu leitungsorientierten Löhnen, hieß die Devise. Zuvor über 800 Eingruppierungen strichen die Reformer auf 14 zusammen, weit mehr als 400 Gehaltsniveaus schrumpften auf 40. Und bezahlt wird schlicht die Arbeit. Familienstand und Alter spielen keine Rolle mehr. Vor allem junge und gut ausgebildete Arbeitnehmer profitieren von dem neuen Konzept.

Auf Bundesebene könnten nun die Tarifparteien des Öffentlichen Diensts den Vertragspartnern der Wohlfahrt ein gutes Stück Arbeit abnehmen. »Was dort geplant ist, kommt uns näher. Vielleicht können wir einen Teil davon übernehmen«, hofft Schaar.

(Quelle: Freie Presse, Zugriff: 12.02.2005)

Reform des Bundesangestelltentarifs (demnächst Tarifvertrag des öffentlichen Dienstes: TVöD)

Reform TVöD statt BAT

»Reform nach fünfzig Jahren« beschrieb die FAZ vom 11.02.05 den Kompromiss zwischen Bund und Kommunen einerseits und Ver.di und DBB andererseits über eine Neuregelung des BAT, dem neben 2,1 Millionen Mitarbeitern in Bund und Kommunen weitere ca. 900.000 Mitarbeiter der Länder und viele Mitarbeiter in Wohlfahrtseinrichtungen unterliegen. Vereinbart wurden:

- **Leistungsbezogene Entlohnung**
  Ab 2007 wird eine leistungsbezogene Bezahlung eingeführt von zunächst einem Prozent des Gehaltsvolumens. Dieser soll in den Folge-

jahren auf acht Prozent ansteigen. Schlecht- oder Minderleistungen werden allerdings nicht mit Leistungsabschlägen »bestraft«. Die Mittel für die leistungsbezogene Bezahlung fließen jährlich in einen Finanztopf, über deren Verwendung Leitung und Personalrat jeweils entscheiden

Neue Regelungen

- **Neue Niedriglohngruppe**
  Um mit privaten Anbietern mithalten zu können und um nicht einfache Aufgaben outzusourcen wurde eine neue Niedriglohngruppe eingeführt.
- **Reduzierte Lohnfortzahlung**
  Ca. 60 % der Mitarbeiter in den alten Bundesländern haben einen Lohnfortzahlungsanspruch auf sechs Monate im Krankheitsfall gehabt. Dies reduziert sich künftig auf die allg. Grenze von sechs Wochen. Danach zahlen die Krankenversicherung weiter, allerdings in einem für den Mitarbeiter reduzierten Umfang.
- **Eingruppierung und Bewährungsaufstieg**
  Der Bewährungsaufstieg und Zeitaufstiege werden abgeschafft. Stattdessen werden Führungsfunktionen auf Zeit und auf Probe vergeben. Statt nach sozialen Kriterien wird künftig die Bezahlung nach Leistung und Können bewertet. Die Eingruppierungsmerkmale werden von ca. 17.000 auf unter 100 Kriterien reduziert.
- **Gehaltseinstufung**
  Zukünftig wird es nur noch 15 Entgeltstufen geben. Der Ortszuschlag wird abgeschafft. Es wurde allerdings vereinbart, dass bei der Überleitung in das neue System niemand schlechter gestellt werden soll gegenüber dem bisherigen Status Quo[27]. Die Mehrkosten der Umstellung werden auf ca. 1 % der Lohn- und Gehaltssumme geschätzt (FAZ, 21.02.05, S.15).

3.5.4 Personalkostenmanagement

Personalkosten: größter Kostenfaktor

Ungeachtet der Reform des Bundesangestelltentarifs stellt das Personalkostenmanagement eine zentrale Aufgabe des Personalmanagements und der Leitung von Einrichtungen dar. Angesichts eines Personalkostenanteils von 70 – 90 % an den Gesamtkosten entscheiden diese über die Wettbewerbsfähigkeit und die Existenzsicherung. Vielfach praktiziert, aber teilweise wenig publiziert könnten folgende Personalkostenreduzierungsmaßnahmen sein. Zu beachten sind zweierlei Anforderungen. Erstens muss die Einrichtung prüfen, wie flexibel sie auf wechselnde Marktbedingungen reagieren kann: werden die Zuschüsse reduziert, sinkt der Preis für ausgeschriebene Maßnahmen oder steigen bei gleich bleibendem Budget die Personalkosten infolge von Tariferhöhungen, entscheidet die Flexibilität der Personalkosten, wie schnell auf Veränderungen reagiert werden

---

27 Die Entgelttabelle TVöD ersetzt die bisherigen Lohn- und Vergütungstabellen. Damit entfallen künftig neben der allgemeinen Zulage auch Orts- und Sozialzuschläge bis auf kinderbezogene Zuschläge für bis zum 31.12.2005 geborene Kinder. Die Beschäftigten werden am 1. Oktober 2005 in die neue Entgelttabelle übergeleitet.

3.5 Die Personalhonorierung

Abb. 59: Neue Entgelttabelle öffentlicher Dienst

Tabelle TVöD Ost: zur Zeit 92,5 %, zum 01.07.05 94 %, zum 01.07.06 95,5 %, zum 01.07.07 97 % des Westniveaus)						
Entgelt-Gruppe	Grundentgelt	Entwicklungsstufen				
	Stufe 1	Stufe 2	Stufe 3	Stufe 4	Stufe 5	Stufe 6
		nach 1 Jahr	nach 3 Jahren	nach 6 Jahren	nach 10 Jahren	nach 15 Jahren
15	3.384	3.760	3.900	4.400	4.780	5.030
14	3.060	3.400	3.600	3.900	4.360	4.610
13	2.817	3.130	3.300	3.630	4.090	4280
12	2.520	2.800	3.200	3.550	4.000	4.200
11	2.430	2.700	2.900	3.200	3.635	3.835
10	2.340	2.600	2.800	3.000	3.380	3.470
9	2.061	2.290	2.410	2.730	2.980	3.180
8	1.926	2.140	2.240	2.330	2.430	2.493
7	1.800	2.000	2.130	2.230	2.305	2.375
6	1.764	1.960	2.060	2.155	2.220	2.285
5	1.688	1.875	1.970	2.065	2.135	2.185
4	1.602	1.780	1.900	1.970	2.040	2.081
3	1.575	1.750	1.800	1.880	1.940	1.995
2	1.449	1.610	1.660	1.710	1.820	1.935
1	je 4 Jahre[a]	1.286	1.310	1.340	1.368	1.440

a. Um Auslagerungen und Privatisierung zu vermeiden, kann das Entgelt in den ersten vier Gruppen befristet auf 1.286 Euro monatlich abgesenkt werden

kann. Zweitens ist natürlich auch die Höhe der jeweiligen Personalkosten zu berücksichtigen. Vielfach können Einrichtungen, die den BAT anwenden, sich nicht mehr an Ausschreibungen beteiligen, weil sie mit dem voraussichtlichen Preis pro Leistungseinheit nicht einmal die eingesetzten Mitarbeiter refinanzieren können, geschweige denn einen Deckungsbeitrag für Verwaltung und weitere Gemeinkosten (Overheadkosten) erwirtschaften.

> **Personalkostenflexibilisierung**
> - Befristet angestellte statt fest angestellte Mitarbeiterinnen (Projekte, Arbeitsamtsförderung, ohne Angabe von Gründen: bis zu zwei Jahre)
> - Einsatz von Honorarkräften, Zivis, FSJ, FÖJ, Praktikantinnen
> - Einsatz von Mitarbeitern aus Zeitarbeitsfirmen
> - Outsourcing von Randbereichen: Küche, Hausmeister, EDV, Raumservice
> - Flexibel gestaltete Arbeitsverträge (Ort, Einsatzgebiete, Öffnungsklauseln)
> - Nutzung von Altersteilzeit

> **Personalkostenabbau**
> - Ausstieg aus dem Tarifvertrag
> - Gründung von tarifungebundenen Betrieben
> - Reduzierung freiwilliger Leistungen
> - Verjüngung der Mitarbeiter (Mitarbeiter nach dem BAT sind etwa im Alter von 45 – 50 am teuersten)
> - Ersatz hoher durch niedrige Lohngruppen (Einsatz von Sozialpädagogen statt Diplompädagogen)
> - Umbesetzung von schlecht zu gut ausgelasteten Bereichen
> - Förderung des Krankenkassenwechsels
> - Lohnsenkungen
> - Einstellungsstopp
> - Vorzeitige Pensionierung
> - Arbeitszeitreduzierung
> - Outsourcing
> - Entlassungen

Gemeinkostenproblem

Eine Ursache für zu hohe Personalkosten können die nicht wertschöpfenden Arbeitsanteile sein, die vom Kostenträger nicht refinanziert werden. Nun sind diese allerdings bis auf fehlerhafte Prozesse so einfach gar nicht zu identifizieren. Nützlich ist es darum, die eigenen Prozesse kritisch auf ihren (Kunden-)Nutzen zu hinterfragen. Vor allem interne Prozesse, die nicht unmittelbar dem Klienten oder Kunden dienen, können eine Quelle zu hoher Gemeinkosten sein. Dazu zählen bsw. Arbeitssitzungen und Tagungen, vor allem wenn ihr Sinn zweifelhaft und die Vorbereitung mäßig ist. Abhilfe könnte hier eine Vorgesetztenbewertung oder eine allg. Umfrage unter den Mitarbeitern zu eventuell überflüssigen Leistungen schaffen.

3.6 Personalbeurteilung

Zentrales Führungsinstrument

Die Mitarbeiterbeurteilung gilt als zentrales Führungsinstrument. Allerdings findet sie gerade einmal in ca. 50 % der großen Unternehmen regelmäßige Verwendung (Wunderer/Jaritz 1999). Die Mitarbeiterbeurteilung ist wie der gesamte Prozess der Mitarbeiterführung zeitaufwendig und nicht frei von Konflikten. Dieses Kapitel zeigt, welche Vorteile eine gut

3.6 Personalbeurteilung

geplante, regelmäßige Mitarbeiterbeurteilung für alle Beteiligten hat, warum sie im Repertoire der Führungskräfte nicht fehlen darf und wie sie effektiv funktioniert.

3.6.1 Ziele und Gegenstand der Mitarbeiterbeurteilung

Die Mitarbeiterbeurteilung bewertet Leistung und Arbeitsverhalten des Mitarbeiters, diskutiert und besprochen im Auswertungsgespräch zwischen dem direkten Vorgesetzten und den Mitarbeiter und festgehalten im Beurteilungsbogen. Die Kriterien werden allgemein angewandt und gelten für alle Mitarbeiter gleich bzw. sind nach Mitarbeitergruppen unterschieden. Bewertet wird das Verhalten und die erreichten Ziele und Leistungen. Vorteilhaft ist es, der unmittelbaren Fremdbeurteilung durch den Vorgesetzten die Selbstbeurteilung des Mitarbeiters entgegenzusetzen und beide als Grundlage für das Beurteilungsgespräch zu wählen.

Allg. Kriterien

Ziele der regelmäßigen Mitarbeiterbeurteilung sind
- Die Steuerung betrieblicher Ablaufprozesse
- Die Motivation der Mitarbeiter und Führungskräfte
- Die Entwicklung der Mitarbeiter
- Die Förderung des Dialogs zwischen Mitarbeiter und Vorgesetzten

Ziele

Mitarbeiterbeurteilungen vergleichen Soll- bzw. Zielvorstellungen über erwartete oder vereinbarte Leistungen und Verhaltensweisen mit dem erzielten und beobachteten Ist-Zustand. Das gemeinsame Miteinander zwischen Vorgesetztem und Mitarbeiter ist nicht selten geprägt von Vermutungen und Interpretationen von Verhalten und Gesagtem. Das was gesagt wird, muss nicht so beim Gesprächspartner auch so verstanden werden. Aus diesem Grund dient auch das Beurteilungsgespräch der verbesserten Beziehung zwischen Vorgesetztem und Mitarbeiter, indem es gegenseitig unbewusste Zustände aufdeckt und zum gemeinsamen Erfahrungsinhalt der Gesprächspartner macht. Kommunikatives Ziel ist, vorgestellt am Beispiel des JoHarI-Fensters, den Bereich der Arena, dem Bereich, der beiden Gesprächspartner bewusst ist, möglichst groß werden zu lassen (Hilb 2003).

Fragestellungen sind deshalb für das Gespräch:
- Wie sehen wir uns selbst?
- Wie sehen uns die Anderen?
- Wie sind wir wirklich?

Beurteilungen finden zu verschiedenen Zeitpunkten statt, weil ihre Zielsetzungen jeweils von der betrieblichen Situation abhängig sind:
- Bei Einstellungen und Bewerberauswahlgesprächen
- Bei Beendigung der Probezeit und Übernahme in ein Arbeitsverhältnis
- Bei interner Stellenbesetzung

Anlässe

Abb. 60: JoHarI-Fenster

Verbesserung der Gesprächsarena

	Unser Wissen über unsere Persönlichkeit	
Das Wissen der anderen über uns	Mir bekannt	Mir nicht bekannt
Anderen bekannt	ARENA	BLINDER FLECK
Anderen nicht bekannt	FASSADE	UNBEWUSSTES

- Bei der Festlegung und Weiterentwicklung der individuellen Entlohnung und zur Gestaltung einer größeren Leistungerechtigkeit (die regelmäßige Mitarbeiterbeurteilung!)
- Bei der Auswahl geeigneter Personalentwicklungsmaßnahmen
- Bei Trennung und Verabschiedung
- Bei der Zeugniserstellung für den Mitarbeiter

Die verschiedenen Anlässe machen deutlich, dass die Beurteilung eines Mitarbeiters entweder anlassbezogen und/oder aber regelmäßig stattfinden, um dem Mitarbeiter eine Rückmeldung zu geben. Regelmäßige Beurteilungsgespräche sind zudem auch Anlass, neue Ziele zu vereinbaren, die notwendige Unterstützung der Führungskraft zu vereinbaren und das Verhältnis zwischen Mitarbeiter und Führungskraft zu verbessern.

Der Mitarbeiter erhält Informationen über die Vorgesetzteneinschätzung, sieht sich mit dessen Urteil über seine Stärken, Schwächen und Entwicklungsmöglichkeiten konfrontiert und kann mit dem Vorgesetzten gemeinsam über Verbesserungsmöglichkeiten diskutieren und diese verbindlich festlegen.

3.6.2 Vorgehensweise der Mitarbeiterbeurteilung

Be- und nicht Ver-Urteilen

Die vorgenommenen Beurteilungen orientieren sich an:
- der **Person des Mitarbeiters** selbst: *sie sind ein freundlicher Mitarbeiter*
- seinem **Arbeits- und Umgangsverhaltens**: *sie pflegen einen freundlichen Umgangston mit den Klienten*
- den **erreichten Ergebnissen**: *sie haben mit ihrem freundlichen Verhalten zu einer großen Kundenzufriedenheit beigetragen*

Beurteilungen der Person Mitarbeiters und seiner Eigenschaften selbst stellen eine **Ver-Urteilung** des Mitarbeiters dar, auch wenn die Urteile positiv sind (Sprenger 2003). Einem faulen Mitarbeiter haftet das Diktum an, das er auch in Zukunft nicht mehr durch besonderen Fleiß korrigieren

3.6 Personalbeurteilung

Abb. 61: Zielsetzung der Mitarbeiterbeurteilung

Personalmanagementbereiche	Zielsetzung
Personalführung • Leistungseinschätzung des Mitarbeiters durch sich selbst und durch den Vorgesetzten • Bewertung der Stärken und Schwächen des Mitarbeiters • Festlegung von Verbesserungszielen • Festlegung von Rahmenbedingungen • Erstellung von Arbeitszeugnissen.	• Kontaktpflege • Leistungs- und Verhaltensanerkennung • Verbesserung der Leistungen und der Führungsbeziehung • Verbesserung der Führungsqualität des Vorgesetzten (vor allem bei Feedback des Mitarbeiters)
Personaleinsatz • Übernahme von Mitarbeitern in ein unbefristetes Arbeitsverhältnis bei Ablauf der Probezeit. • Innerbetriebliche Versetzung. • Bildung von Arbeitsgruppen/ Projektteams. • Freisetzung von Mitarbeitern	• Überprüfung der Personalplanung und Optimierung des Personaleinsatzes
Personalhonorierung • Fundierung einer gerechten Leistungsentlohnung • Transparenz in der Leistungshonorierung • Motivation des Mitarbeiters	• Leistungs- und verhaltensgerechte Entlohnung des Mitarbeiters
Personalentwicklung • Fundierung von Personalentwicklungsentscheidungen • Förderung von Mitarbeitern. • Bestimmung des Entwicklungsbedarfs • Abstimmung der jeweiligen Entwicklungsmaßnahmen	• Motivation des Mitarbeiters • Employability des Mitarbeiters wahren • Verbesserte Loyalität des Mitarbeiters

kann. Eine Ausnahme in der Beurteilung der Person stellt die Potentialbeurteilung dar, mit deren Hilfe das Entwicklungspotential eines Mitarbeiters abgeschätzt werden soll. Eignet sich Sozialarbeiter B., der bislang sehr in Beratungsgesprächen zu glänzen wusste, auch als Führungskraft? Welche Fähigkeiten sind noch auszubauen, welche Schwächen zu bearbeiten? Diese Form der Beurteilung wird häufig gewählt, um Personalentwicklungsmaßnahmen oder interne Versetzungen anzustreben. Doch Vorsicht! Wie schnell ordnen Sie einen Menschen in eine Schublade ein, aus der Sie ihn nicht mehr herauslassen oder er selbst nicht mehr heraus will oder kann.

Anders stellt sich dagegen die Beurteilung des Verhaltens dar. Hierbei ist entscheidend, dass der Vorgesetzte nur von ihm selbst beobachtetes Ver-

Verbesserung der Gesprächsarena

halten beurteilt, also sich nicht auf das Urteil von Dritten beruft. Beurteilungen aufgrund der Aussagen Dritter eröffnen gute Möglichkeiten zum Mobbing. Allerdings sollte nicht nur das **Mitarbeiterverhalten** im Mittelpunkt stehen (Prozessdimension), sondern auch das **erreichte Ergebnis** (Outputorientierung). Zielvereinbarungen und Mitarbeiterbeurteilung bedingen einander. Ähnlich den Hilfeplangesprächen bedarf es einer Sollvorgabe, ohne die eine Beurteilung des Ist-Zustandes fragwürdig und überflüssig wird. Wird nur das Verhalten beurteilt, ist ein opportunistisches Wohlverhalten des zu Beurteilenden zu befürchten. Wird dagegen ausschließlich das Leistungsergebnis beurteilt, könnte der »Zweck« die Mittel heilen. Aus diesem Grund setzt sich eine effektive Mitarbeiterbeurteilung immer aus den Komponenten Leistungs- und Verhaltensbeurteilung zusammen.

Leistungsziele und angemessenes Verhalten bestimmen sich aus den betrieblichen Zielen, den Vorgesetztenwünschen und den Mitarbeiterinteressen. Die betrieblichen Ziele selbst resultieren aus den Interessen der unterschiedlichen Stakeholder.

Beispiel

> **Beispiel:**
> Die Sozialpädagogin Marina Bruns leitet einen Integrationskurs für jugendliche AussiedlerInnen in einer diakonischen Bildungseinrichtung. Ihre Leistungsanforderungen könnten sein:

Abb. 62: Beurteilungskriterien aus Stakeholdersicht

Stakeholder	Leistungsziele	Zielvereinbarung
Auftraggeber	• Vermittlung in Arbeit • Pünktliche Abrechnung der Maßnahme	• Mindestens 50 % der Teilnehmer • Spätestens eine Woche nach Quartalsende
Klienten	• Freundlicher, respektvoller Umgang	• Klientenzufriedenheit besser als befriedigend
Träger	• Vermittlung in Arbeit • Überschuss der Maßnahme	• Mindestens 70 % • Mindestens 10 % oder 15.000 €
Kirche	• Vermittlung von Glaubensinhalten	• Anteil an wert- und normenorientierten Inhalten am Gesamtcurriculum
Kommune	• Vermittlung in Arbeit • Keine Störungen in der Öffentlichkeit	• Reduzierung der Sozialhilfe für diese Personen um 50 % • Anzahl der Beschwerden unter 5
Mitarbeiter	• sicherer Arbeitsplatz	• unbefristete Verlängerung

Das Beispiel verdeutlicht die Schwierigkeit, deutliche, operationale und widerspruchsfreie Leistungsziele festzulegen. Hat die Sozialpädagogin bei der Vermittlung großen Erfolg, wird, sofern keine Teilnehmer nachbewilligt werden, die Zahlung für den vermittelten Lehrgangsteilnehmer eingestellt. Die Vermittlungsquote ist gut, der finanzielle Erfolg aber nicht. Legt sie großen Wert auf Schlüsselkompetenzen wie pünktliches Erscheinen der einzelnen Teilnehmer und setzt dies mit Strenge und auch Sanktionen durch, werden der Auftraggeber und beteiligte Betriebe zufrieden sein. Eine Evaluierung der Teilnehmerzufriedenheit könnte dagegen schlechte Werte zur Folge haben. Deshalb sind in einer Zielvereinbarung die wichtigsten Ziele gemeinsam festzulegen, die als Maßstab für die folgende Leistungsbeurteilung gelten sollen.

3.6.3 Mitarbeiterbeurteilungsbogen

Hilfreich bei der Mitarbeiterbeurteilung ist die Verwendung eines allgemeinen Beurteilungsbogens, der gleichzeitig auch zur Vereinbarung von Zielen genutzt wird und in die Personalakte gehört. Es empfiehlt sich, vor ab den Bogen der Mitarbeiterin zur Selbstbeurteilung und zur Vorbereitung auf das Mitarbeitergespräch rechtzeitig zu geben.

Planungsvolle Durchführung

Abb. 63: Muster eines Beurteilungsbogens (nach Hilb: 2003)

1. Beurteilung des Leistungsverhalten von Frau Marina Bruns			
	Nicht zulässig	Leitbildgerechte Ausprägung	Nicht zulässig
1. Persönlichkeitskompetenz			
1.1. Integrität	nicht legal	legitim-----X-------------------------legal	nicht legitim
1.2. Stressresistenz	unbeweglich	beständig-------------------X----flexibel	unbeständig
1.3. Innovationsfähigkeit	überaktiv	kreativ-------X------------------lernfähig	einfallslos
2. Fachkompetenz			
2.1. Selbständigkeit	riskant	proaktiv-----------X--wohlkalkulierend	risikoscheu
2.2. Ganzheitliches Handeln	einseitig	konstruktiv-------X---------ganzheitlich	unrealistisch
2.3. Berufliches Können	Einseitig	fachkompetent-----X-----generalistisch	oberflächlich
3. Sozial-Kompetenz			
3.1. Zuhörfähigkeit	Überheblich	Aktiv zuhörend---X---------lernfreudig	passiv hörend
3.2. Offenheit	Brutal offen	Konstruktiv offen--------------X diskret	verschlossen
3.3. Teamfähigkeit	einzelgängerisch	individuell---------------X---kooperativ	anpasserisch
4. Führungskompetenz			
4.1. Zielorientierung	kritiklos	leitbildgerecht- X------situationsgerecht	konzeptlos
4.2. Ressourcenmanagement	ineffizient	Bewusst---------X-----------------zügig	hektisch
4.3. Führungsvorbildlichkeit	unglaubwürdig	motivierend---X-------konstruktiv offen	manipulierend

2. Beurteilung der Zielerreichung im vergangenen Jahr						
Zielgewichtung	Messbare Zielbeschreibung	Ziel				Zukunftsmaßnahmen mit Zeitangabe
		übertroffen	Erreicht	teilweise nicht erreicht	Nicht erreicht	
1.	Vermittlungserfolg 70 %	X (85 %)				Halten des Erfolgs bei der nächsten Maßnahme
2.	Überschuss: 15.000 €			8.000 €		Teilnehmer im nächsten Kurs später vermitteln
3.	Positives Erscheinungsbild des Kurses in der Öffentlichkeit	X (drei positive Presseberichte), Durch Einbeziehung des Bürgermeisters bei Öffentlichkeitsveranstaltung und durch Abschlussgottesdienst sehr gute Resonanz				Einbeziehung von Zuschussgebern in den Unterricht und die Abschlussveranstaltung

3.6 Personalbeurteilung 139

3. Gesamtbeurteilung		
<ul><li>Zufriedenheit mit der eigenen Tätigkeit: Frau Bruns ist mit dem Kurs sehr zufrieden, auch wenn sie nach Anfangsnervosität Schwierigkeiten hatte sich sofort Respekt im Kurs zu verschaffen</li><li>Persönliche Anliegen: Frau Bruns möchte mindestens einmal im Halbjahr ein Gespräch mit dem Vorgesetzten über den Kurs, um die bisherigen Erfolge und weitere Unterstützungsmaßnahmen zu besprechen.</li><li>Besondere Stärken des Mitarbeiters: Kreativität und Aktives zuhören</li><li>Entwicklungsfähige bereiche des Mitarbeiters: Wirtschaftliche Kenntnisse vermitteln, damit realistischer teilweise geplant werden kann</li><li>Vorschläge für die individuelle Entwicklung: Schulung in Gesprächsführung (mit Unternehmen und Arbeitsagentur)</li></ul>		
Entwicklungsmaßnahmen	**Verantwortlicher**	**Datum**
Schulung: Einführung in die Kostenrechnung	Dr. Maier	31.07.04
Schulung: Gesprächsführung mit schwierigen Kunden	Frau Bart	31.07.04
4. Ziele für das nächste Jahr		
Zielgewichtung	**Messbare Zielbeschreibung**	**Datum**
Vermittlungsquote	70 %	31.08.05
Überschuss der Maßnahme	15.000 €	
Regelmäßige Evaluierung des Kurses	4 Mal pro Jahr	
Datum: 31.07.04 Vorgesetzter: Dr. Maier		Datum: 31.07.04 Mitarbeiterin: Frau Marina Bruns

3.6.4 Bewertungsstufen

Der oben aufgeführte Beurteilungsbogen beinhaltet Skalenwertbeschreibungen im Sinne einer verbalen Umschreibung des beobachteten Leistungsverhaltens. Es erfolgt keine eigentliche Benotung, sondern nur eine Bewertung nach zulässig/unzulässig und innerhalb des Zulässigkeitsbereiches in die ein oder andere zulässige Richtung. In der Praxis dominieren dagegen numerische Skalierungen und Benotungen.

Skalierung

Abb. 64: Bewertungsstufen (vgl. Grotzfeld 2001, 401)

Beurteilungs-skala	Eigenschaft	Beispiel					
		Sehr gut	Gut	Befrie-digend	Aus-Rei-chend	Man-gel-Haft	Unge-nügend
Numerische Skalen	Abstufungen auf Zahlenwerten	1 ☐	2 ☐	3 ☐	4 ☐	5 ☐	6 ☐
Alpha-betische Skalen	Statt Zahlenwerte werden den Abstufungen Buchstaben zugeordnet	A ☐	B ☐	C ☐	D ☐	E ☐	F ☐
Graphische Skalen	Darstellung auf einem Zahlenstrahl	X					
Nominalskala	Abstufungen mit einzelnen Begriffen[a] oder Noten	Hervor-ragend	Gut	Zufrie-den-stellend	Akzep-tabel	Unzu-rei-chend	Inak-zepta-bel
Skalenwert-beschreibung	Beurteilungskriterium wird verbal umschrieben	Die Zusammenarbeit mit Kollegen und Vorgesetzten war:					
		Stets hervorra-gend, trägt in außeror-dentli-chem Maß zum Teamer-folg bei	**Hervor-ragend,** trägt sehr zum Teamer-folg bei	**Gut, inte-griert** sich in das Team	**Ordent-lich,** manch-mal Pro-bleme in der Zu-sammen-arbeit	**Bemüht,** ist um-gänglich, aber we-nig er-folgsbei-steuernd	**unerträg-lich,** inte-griert sich nicht, be-hindert die Arbeit
Rangord-nungs-verfahren	Paarvergleich von Mit-arbeitern bezüglich ein-zelner Kriterien	Müller (1.) besser als **Bruns** (2.) (Beurteilte) besser als Strauss (3.) besser als Wohlfahrt (4.) besser als Reich (5.) besser als Boss (6.)					

a. Siehe den Bewertungsbogen, der für die Erreichung von Leistungsergebnissen vorsieht: übertroffen, erreicht, teil-weise nicht erreicht und nicht erreicht.. Eine solche Skalierung orientiert sich deutlich weniger an den herkömmli-chen Schulnoten.

3.6 Personalbeurteilung 141

Abb. 65: *Beurteilungsbogen VorpraktikantInnen*

Beispiel: Beurteilungen von VorpraktikantInnen mit Empfehlung zum Sozialpädagogikstudium (Schweiz)[a]

O Die Vorpraktikantin, der Vorpraktikant wird für den Beruf **empfohlen**.			
O Die Vorpraktikantin, der Vorpraktikant wird für den Beruf **nicht empfohlen**.			
Ergebnisse des abschließenden Beurteilungsgesprächs			
• N: Die Kompetenz ist ungenügend ausgeprägt und kommt selten zum Ausdruck. Das Anspruchsniveau ist **nicht erfüllt**. Die Voraussetzungen für das Erlernen und die spätere Ausübung des Berufs sind nicht vorhanden. • E: Die Kompetenz ist genügend ausgeprägt und kommt regelmäßig zum Ausdruck. Das Anspruchsniveau ist **erfüllt**, die Voraussetzungen für das Erlernen und die spätere Ausübung des Berufs sind vorhanden. • Ü: Die Kompetenz ist über Erwarten ausgeprägt und kommt häufig zum Ausdruck. Das Anspruchsniveau ist **übertroffen**, die Voraussetzungen für das Erlernen und die spätere Ausübung des Berufs sind ausgeprägt vorhanden.			
Fa steht für Fachkompetenz, **Me** für Methodenkompetenz, **So** für Sozialkompetenz, **Se** für Selbstkompetenz			
A Kompetenzen im Tätigkeitsbereich Zusammenarbeit im Team und mit Vorgesetzten	N	E	Ü
Fa	Stützt sich auf einfaches Grundwissen über Teamarbeit ab und erfasst die Aufgabe, die das Team zu lösen hat			
Me	Bereitet sich auf Teamzusammenkünfte vor; holt aktiv fehlende Informationen ein; klärt von sich aus Zuständigkeiten und Verantwortungen; beteiligt sich bei Planungen			
So	Integriert sich als Mitglied ins Team und trägt die Teamaufgabe mit; füllt die eigene Rolle (Praktikantin, Praktikant; evtl. fest angestelltes Teammitglied) aktiv aus; praktiziert Feedback			
Se	Bringt sich selber in das Team ein und steht zu sich und zu den eigenen Haltungen, Meinungen, Vorschlägen, Stärken und Schwächen, Leistungen und Fehlern etc.; lernt aus Feedback			
B Kompetenzen im Tätigkeitsbereich Beziehungsgestaltung mit Klientinnen und Klienten	N	E	Ü
Fa	Stützt sich auf einfaches Grundwissen über Beziehungen ab und erfasst die beruflichen Anforderungen betr. das Eingehen von pädagogischen Beziehungen			
Me	Findet den »Draht« zu den KlientInnen; begegnet ihnen und kommuniziert mit ihnen auf eine ihren Möglichkeiten, ihrem Alter, ihren Beeinträchtigungen und Behinderungen gemäße Art			
So	Erwirbt nach und nach Achtung, Offenheit, Vertrauen der KlientInnen; bringt ihnen Achtung, angemessenes Vertrauen und selektive Offenheit entgegen; regelt Nähe und Distanz zu den KlientInnen			
Se	Spricht von sich aus Aspekte der Beziehungsgestaltung mit den KlientInnen an: Begegnung, Kontaktaufnahme, Beziehungsentwicklung und -qualität, Beziehungshindernisse, Auflösung etc.			
C Kompetenzen im Tätigkeitsbereich Lebenspraktische Tätigkeiten, Alltagsgestaltung	N	E	Ü
Fa	Stützt sich auf lebenspraktisches und hauswirtschaftliches Wissen und Fertigkeiten betr. Einkauf, Kochen, Wäsche, Reinigung, Hygiene, Gesundheitsvorsorge, Ökologie, Einrichtung, Haushalttechnik, Reparaturen, etc. ab			
Me	Leitet KlientInnen in lebenspraktischen Angelegenheiten an, befähigt sie auf eine ihren Möglichkeiten, Alter, Beeinträchtigungen und Behinderungen gemäße Art			
So	Beteiligt Klientinnen und Klienten am Alltag; gestaltet den Alltag mit (nicht für!) Klientinnen und Klienten			
Se	»Pflegt« selber bewusst den Alltag; thematisiert die Alltagskultur im eigenen Arbeitsbereich; differenziert zwischen dem Institutionsalltag und dem privaten Alltag			

D Kompetenzen im Tätigkeitsbereich Freizeitgestaltung mit Klientinnen und Klienten		N	E	Ü
Fa	Stützt sich auf einfaches Wissen und eigene Ideen zur Freizeitgestaltung ab; erfasst die Bedeutung von Freizeit für die betreuten Klientinnen und Klienten			
Me	Animiert und unterstützt die KlientInnen auf eine ihren Möglichkeiten, Alter, Beeinträchtigungen und Behinderungen gemäße Art zu Freizeitaktivitäten; wählt für die KlientInnen geeignete Freizeitaktivitäten aus			
So	Beteiligt KlientInnen an der Freizeit; gestaltet Freizeit mit KlientInnen (anstatt sie für sie zu organisieren)			
Se	Pflegt und nützt eigene Freizeit vielfältig, namentlich auch zur Regeneration und Psychohygiene; thematisiert die Freizeitgewohnheiten im eigenen Arbeitsbereich			
E Kompetenzen im Tätigkeitsbereich Administrative Aufgaben in der Institution		N	E	Ü
Fa	Stützt sich auf Grundwissen und Grundfertigkeiten im administrativen Bereich betr. Schreiben, telephonische Auskünfte, Korrespondenz, Tastaturschreiben, PC, Kassenführung, Planung, Datenschutz, Persönlichkeitsschutz etc.			
Me	Benützt Planungsinstrumente (Agenda, Arbeitsplan), Erinnerungshilfen (Checklisten), Informationsmittel(Rapportbuch, Tagesjournal, Klientenordner Ordnungssysteme			
So	Gibt wichtige Informationen richtig an KlientInnen, Teammitglieder, Angehörige, Bezugspersonen, Vorgesetzte weiter			
Se	Bearbeitet zugewiesene administrative Aufgaben exakt, zuverlässig, zügig			

a: Berufs-, Fach- und Fortbildungsschule Bern (www.bffbern.ch)

3.6.5 Beurteilungsfehler

Subjekive Fehler

Insbesondere dann, wenn das Gespräch ohne genaue Beobachtung stattfindet und nicht systematisch ein für alle Mitarbeiter gleich geltender Beurteilungsbogen eingesetzt wird, sind subjektive Verzerrungen sehr wahrscheinlich. Die in der Praxis immer wieder auftretenden Beurteilungsfehler sind:

1. **Beziehungsbedingte Fehler**
   - Beurteilung ist umso positiver, je ähnlicher sich Beurteiler und Beurteilte sind
2. **Bezugsgruppenbedingte Fehler**
   - Zuordnung von Verhaltensmuster zu einer Gruppe von Beurteilten (alle Sozialpädagogen reden nur über Probleme); Frauenspezifische Urteile
   - Self-fulfilling-Prophecy oder Andorra-Phänomen: Je größer die Kontrolle eines Mitarbeiters, um so größer seine Unselbständigkeit, um so größer der Kontrollwunsch
   - Hierarchieeffekt: je hochrangiger die zu beurteilende Person, um so positiver die Beurteilung
3. **Serienfehler**
   - Orientierung an bisherigen Beurteilungen: Einmal schlecht, immer schlecht.
   - systematische Unterschätzung von Personen, die längere Zeit nicht befördert wurden

4. **Wahrnehmungsfehler**
   - Überstrahlungs- oder Haloeffekt: Übertragung von eigenem gewünschten Verhalten/unerwünschten Verhalten auf den zu Beurteilenden
   - Überbetonung des ersten Eindrucks (für den ersten Eindruck gibt es keine zweite Chance)
5. **Maßstabsfehler**
   - Mitarbeiter werden insgesamt (in der Rangfolge aber richtig) zu mild, zu hart oder zu unentschieden beurteilt (Tendenz zur Mitte). Der Beurteiler ist darum signifikant zu milde (überdurchschnittlich gute Bewertungen), zu streng (überdurchschnittlich schlechte Bewertungen) oder zu vorsichtig (alle bekommen die gleiche Bewertung)

3.6.6 Vorgesetztenbeurteilung und Mitarbeiterumfragen

Die Vorgesetztenbeurteilung ist in vielen Betrieben und Einrichtungen umstritten, weil einerseits angstbesetzt – was vice versa auch für die Mitarbeiter gilt – und andererseits bedingt durch Abhängigkeiten des Mitarbeiters vom Vorgesetzten vielen möglichen Verzerrungen unterlegen. Typisch wäre eine Auswertungsfrage des Vorgesetzten, nach der Beurteilung des Mitarbeiters, wie weit er denn mit seinem Führungsstil, seiner Informationspolitik oder seiner Unterstützung zufrieden sei.

Selten: Vorgesetztenbeurteilung

Als Alternative zur direkten und persönlichen Befragung bietet sich ein in der Praxis darum viel mehr verbreitetes Istrumentarium an: die anonymisierte Mitarbeiterbefragung zur Einschätzung des Betriebsklimas und der Mitarbeiterzufriedenheit. Die Mitarbeiterbefragung wird in der Regel organisationsweit, umfassend, strukturiert und systematisch durchgeführt (Wunderer 1999, 138). Sie ist freiwillig und anonym um mögliche Repressalien gegen einzelne Mitarbeiter von vornherein zu vermeiden, und wird schriftlich in Form eines Fragebogens durchgeführt. Durch seine standardisierte Form ist der Aufwand im Gegensatz zur persönlichen Befragung gering. Regelmäßige Durchführungen lassen deutliche Tendenzen im Zeitablauf erkennen. Die Ergebnisse und daraus abgeleitete Maßnahmen sind zu veröffentlichen, um dauerhaft eine Motivation der Befragten an der Aktion zu erhalten und zu fördern.

Mitarbeiterbefragung

Ähnlich der Befragung von Kunden und Klienten sollte nicht allein die Zufriedenheit mit einer bestimmten Dienstleistung allein abgefragt werden. Vielmehr empfiehlt es sich, eine dem ServQual-Ansatz ähnliche Doppelskala mit Zufriedenheitsmessung einerseits und Wichtigkeitsmessung andererseits zu verwenden. Nicht alles was Unzufriedenheit auslöst, muss auch gleich abgestellt und verändert werden (Wunderer/Jaritz 2002).

Abb. 66: Umfrage zur Mitarbeiterzufriedenheit

Umfrage: Mitarbeiterzufriedenheit

Bitte geben Sie an, wie zufrieden Sie mit folgenden Zielen Ihrer Arbeit sind!
Geben Sie dann an, wie wichtig Ihnen diese Kriterien sind!

Vielen Dank für Ihre Zusammenarbeit

	zufrieden sehr — gar nicht					wichtig sehr — gar nicht				
	1	2	3	4	5	1	2	3	4	5
1) Sichere Beschäftigung										
2) Gutes Verhältnis untereinander										
3) Gute Zusammenarbeit mit Vorgesetzten										
4) Befriedigende Arbeitszeitregelung										
5) Gute Mitspracherechte										
6) Gute Ausstattung des Arbeitsplatzes										
7) Gute Entwicklungsmöglichkeiten										
8) Klare Ziele für meine Arbeit										
9) Vorbildlichkeit der Führungskraft										
10) Mitarbeiterfortbildung										
11) Angemessene Honorierung										
12) Informationsfluss										

3.6.7 Das Zielvereinbarungsgespräch

Management by Objectives

Führen und Beurteilen durch Ziele stellt einen wesentlichen Grundsatz des kooperativen »Management by objectives«- Führungsstiles[28] dar. Eine Beurteilung ohne vorherige Zielvereinbarung bzw. Zielvorgabe lässt sinnvoll nur eine Verhaltens- und Potentialbeurteilung zu, eine Leistungsbewertung, die Anerkennung, Aufstieg und Entlohnung rechtfertigt ist dagegen dann unsinnig.

In einem Zielvereinbarungsgespräch hat der Vorgesetzte die Aufgabe, die Ziele des Unternehmens zu erläutern und Teilziele konkret auf den Arbeitsplatz des Mitarbeiters herunter zu brechen. Der Mitarbeiter seinerseits stellt dem seine eigenen Zielvorstellungen und persönlichen Wünsche (z.B. nach Arbeitszeitregelung) demgegenüber. Im Idealfall ergibt sich für beide Seiten ein allgemein akzeptierter Kompromiss. Dieser wird in Form von konkreten Zielvorgaben und Unterstützungshandlungen sei-

---

28 Siehe zu den Grundlagen ausführlich Kapitel 2.2.3.3.

3.6 Personalbeurteilung

Abb. 67: Auswertung der Umfrage zur Mitarbeiterzufriedenheit

Arbeitszufriedenheitsprofil

Rangskala Zufriedenheit	Note Zufriedenheit
Gute Ausstattung des Arbeitsplatzes	1,25
Gutes Verhältnis untereinander	1,40
Klare Ziele für meine Arbeit	1,42
Gute Zusammenarbeit mit Vorgesetzten	1,50
Gute Entwicklungsmöglichkeiten	1,60
Vorbildlichkeit	1,89
Sichere Beschäftigung	2,34
Informationsfluss	2,50
Mitarbeiterfortbildung	2,52
Gute Mitspracherechte	2,70
Befriedigende Arbeitszeitregelung	2,90
Angemessene Honorierung	3,25

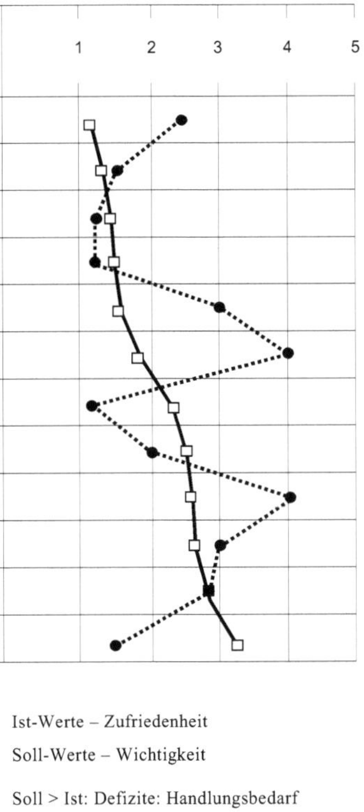

——— Ist-Werte – Zufriedenheit
······· Soll-Werte – Wichtigkeit
● - □ Soll > Ist: Defizite: Handlungsbedarf

tens des Vorgesetzten fixiert und stellt den Maßstab für die kommende Leistungsbeurteilung dar. Vorgesetzte sollten dabei beachten, dass sie kompromissbereit sind und das Gespräch immer als sog. WIN-WIN-Situation gestalten. Weder sie noch der Mitarbeiter gehen aus dem Gespräch mit dem Gefühl heraus, über den Tisch gezogen worden zu sein oder ohnmächtig die Bedingungen für das kommende Jahr diktiert bekommen zu haben. Deshalb ist es ratsam, in der Vorbereitung sich seiner Ziele und eventueller Kompromisse gegenwärtig zu sein.

Merke: Ohne Zielvereinbarung keine Leistungsbeurteilung

- Sie wollen keine strategische Einrichtungsplanung betreiben
- Sie wollen Engpässe weder frühzeitig erkennen noch zielgerecht beseitigen
- Sie wollen Ihre Ressourcen nicht zielgerecht aufteilen, sondern nach Macht, Zuruf oder Zufall
- Sie wollen keine (was ist schon gerecht!) Verteilung von Arbeit, Leistung und Entlohnung nach Leistung und Zielerreichungsgrad!
- Sie schonen leistungsschwache Mitarbeiter lieber, leistungsstarke können ja mehr machen!
- Sie wollen deshalb keine einheitliche Führungskultur
- Sie halten Ihre Mitarbeiter über die weitere Entwicklung und die Ziele Ihrer Einrichtung lieber im Dunkeln
- Sie verfolgen Ihren Auftrag nicht zielgerichtet sondern nach dem Windhundprinzip? Sie bedienen sich ausgefeilter Anweisungs- und Kontrollinstrumente
- Sie regeln und Sie improvisieren gern?
- Sie bevorzugen, die Leistung Ihrer Mitarbeiter nicht zu bewerten, um Konflikten aus dem Weg zu gehen!
- Sie bevorzugen, die Leistung Ihrer Mitarbeiter nicht zu bewerten, weil man in der sozialen Arbeit sowieso nicht die Leistung bewerten kann!

Gegenstand einer Zielvereinbarung

- Welche Ziele verfolgt die Einrichtung in diesem Jahr?
- Was wird an Aufgabenerfüllung laut Stellenbeschreibung von dem Mitarbeiter erwartet?
- Welche Erwartungen hat der Vorgesetzte?
- Was kann der Mitarbeiter selbst leisten?
- Wie müssen die Rahmenbedingungen geschaffen sein, damit eine befriedigende Zielerreichung möglich ist?
- Anhand welcher Kriterien erkennen der Mitarbeiter und der Vorgesetzte, wann zu welchem Grad die Ziele erreicht sind?
- Wenn die Entlohnung nach der Leistung ausgerichtet wird, wie weit müssen die Ziele erreicht werden, um die Entlohnung oder eine Gehaltssteigerung zu rechtfertigen?
- In welchem Zeitraum müssen die Ziele erreicht werden?

Beispiel

Beispiel:
Frau Bruns hat als Mutter von zwei Kindern das Glück, ihre Arbeitszeiten weitgehend frei einteilen zu können. Sie muss sich bislang nicht an die eigentlich vorgesehenen Kernzeiten halten. Stattdessen kommt sie auch samstags, um Büroarbeiten erledigen zu können, ist dafür aber in der Woche oft schon um 11.30 am Kinderhort. Sie teilt sich ihren Arbeitsbereich mit zwei älteren Kolleginnen, die in der Kernzeit für sie den Besuchs- und Telefondienst mit übernehmen. Nun ist eine Mitarbeiterin für längere Zeit ausgefallen. Die Vorgesetzte Frau Boss möchte Frau Bruns nun auf die Kernzeiten verpflichten. Dies lehnt Frau Bruns aus familiärem Grund strikt ab. Wie sähen jetzt alternative Ziele aus:

Abb. 68: Zielvereinbarungsbogen

Maximalziel	Frau Bruns arbeitet in der Kernzeit
Minimalziel:	Frau Bruns hat eine Anrufweiterleitung zu sich nach Hause und arbeitet zum Teil zu Hause
Alternativziel:	Frau Bruns reduziert ihre volle Stelle auf 30 Stunden; mit den frei werdenden Ressourcen wird zusätzlich für die Kernzeit eine Berufspraktikantin eingesetzt

Zielvereinbarung mit Sozialpädagogin Frau Marina Bruns			
Aufgaben	Ziele	Zielerreichungskriterien	Kontrollkriterien
• Ausbildung in Grundlagen der Schreib- und Lesetechnik • Grundrechenarten • Vermittlung der Jugendlichen in eine Arbeits- oder Ausbildungsstelle	• Beherrschen der Grundrechenarten • Lesen Können fremder Texte • Fester Arbeits- bzw. Ausbildungsplatz der Jugendlichen oder Weitervermittlung in andere Maßnahmen	• Grundrechnen: Stand 6.Schuljahr; ausreichende Note • Lesen: höchstens fünf Fehler bei Lesen eines fremden Textes • Diktat: maximal sechs Fehler bei insgesamt mind. 80 % der Teilnehmer • Vermittlung von 70 % der Jugendlichen • Weitere 25 % sind in andere Aufbaumaßnahmen vermittelt	• Leistungstest durch die Hauptschule Musterstadt nach vier Monaten • Vermittlungsstatistik bei Beendigung der Maßnahme • Vermittlungsstatistik drei Monate nach Beendigung der Maßnahmen

3.7 Personalentwicklung

Die Personalentwicklung stellt alle Maßnahmen dar, die dazu dienen, alle Mitarbeiter für die Sicherung und Erweiterung ihrer Handlungskompetenzen so zu qualifizieren, dass sie aktuelle und zukünftige Anforderungen bewältigen. Sie umfasst daher die Ausbildung, Fortbildung und Weiterbildung sowie alle Facetten der Mitarbeiterförderung. Zielrichtung der Personalentwicklung ist einerseits die Entwicklung des einzelnen Mitarbeiters durch Lernprozesse, indem die Qualifikationen und Motivation jedes Einzelnen aktiviert werden soll. Andererseits sind solche Lernprozesse notwendig, um die Organisation als Ganzes zu qualifizieren und zu motivieren, also die Organisation selbst zum Lernen zu bewegen.

3.7.1 Ziele der Personalentwicklung

Personalentwicklung geschieht immer aus mehreren Perspektiven: aus der Sicht des Unternehmens und seinen Zielen, aus der Sicht der betroffenen Mitarbeiter, aber auch aus der Sicht der mitverantwortlichen Führungskraft. Alle Seiten beeinflussen die Personalentwicklung und finden idealerweise im Zielvereinbarungsgespräch oder speziell in einem Entwicklungsgespräch entsprechend ihren Ausdruck.

Abb. 69: Ziele der Personalentwicklung

Ziele

Einrichtungsziele	Führungskräfteziele	Mitarbeiterziele
• Wertsteigerung für Kunden und Klienten durch höheren Nutzen und sinkende Kosten • Verbesserung des Problemlösungspotenzials • Aufgabengerechte quantitative, qualitative, zeitliche und örtliche Bereitstellung von Mitarbeitern • Vermittlung von einrichtungsspezifischen Wissen • Erhaltung und Anpassung der Mitarbeiterqualifikationen • Vermittlung von Schlüsselqualifikationen • Verbesserte Motivation • Nachwuchs und Laufbahnplanung	• Sicherung des eigenen Arbeitsplatzes • Beruflicher Aufstieg durch angemessene Mitarbeiterförderung • Erfüllung betrieblicher Vorgaben und Verwirklichung betrieblicher Ziele • Teamentwicklung • Entwicklung und Einsatz von Mitarbeiterpotenzialen • Abstimmung von Mitarbeiter- und Einrichtungszielen • Verbesserung des Betriebsklimas	• Sicherung des Arbeitsplatzes • Sicherung der Beschäftigungsfähigkeit (größere Mobilität am Arbeitsmarkt) • Übernahme anspruchsvollerer Tätigkeiten und größerer Verantwortung • Verbesserung der Einkommensposition • Beruflicher Aufstieg • Persönliche Weiterentwicklung • Selbstverwirklichung am Arbeitsplatz

3.7.2 Ablauf der Personalentwicklung

Vorgehensweise

Um die Einrichtungs- und Mitarbeiterziele angemessen miteinander zu verbinden, empfiehlt es sich, die Personalentwicklung kooperativ zu gestalten. Durch das Abgleichen der gegenseitigen Zielvorstellungen und Möglichkeiten im Zielvereinbarungsgespräch- oder im eigens angesetzten Potential- oder Entwicklungsgespräch wird eine qualifikatorische Lücke zwischen Ist-Zustand und Soll-Zustand ermittelt und gemeinsam Aktionen verabredet. In diesem Fall geht die Initiative von beiden Seiten aus. Letztlich ist jedoch immer der Mitarbeiter selbst für seine Entwicklung verantwortlich. Verpasst er es, sich durch entsprechende Fort- und Weiter-

3.7 Personalentwicklung

bildung den veränderten Umweltzuständen anzupassen, ist unter Umständen sein Arbeitsplatz, vielleicht auch seine Beschäftigungsfähigkeit gefährdet.

Verantwortung

Sein Vorgesetzter hat als Führungskraft die Verantwortung die betrieblichen Ziele zu erreichen. Dies bedeutet motivierte Mitarbeiter in ausreichender Zahl und Qualität bereitzustellen (Sachaufgabenorientierung), den einzelnen Mitarbeiter in seinen Entwicklungsvorhaben zu unterstützen und zu führen (Mitarbeiterorientierung). Übergeordnete Führungskräfte (die Geschäftsleitung) begleiten diesen Prozess. Beratend zur Seite stehen die Mitarbeiter und Verantwortlichen aus der Personalabteilung, die auf entsprechende Schulungsmöglichkeiten aufmerksam machen und sie eventuell auch organisieren sollten.

Alternativ zum Potentialgespräch wird in der Praxis eine Vielzahl anderer Maßnahmen zur Ermittlung der Eignungsprofile eingesetzt.

Abb. 70: Ermittlung von Fähigkeitenprofilen

Eignungsprofil

Ermittlung der Fähigkeitsprofile
• **Mitarbeitergespräche**
■ Beurteilungsgespräch
■ Zielvereinbarungsgespräch
■ Potentialgespräch
• **Befragungen**
■ Mitarbeiterbefragung
■ Vorgesetztenbefragung
• **Beobachtungen**
■ Arbeitsplatzbezogene Beobachtungen
■ Projektarbeit
■ Workshops und Qualitätszirkel
• **Datenrecherche der Personalakten**
■ Ausbildungs- und Fortbildungsdaten
■ Stellenbeschreibung
■ Stellenwechsel
■ Abwesenheit, Krankheit
• **Testverfahren**
■ situative Verfahren
■ Assessment-Center
■ Eignungsuntersuchung

Auch wenn das persönliche Gespräch (Beurteilungs-, Zielvereinbarungs- oder Potentialgespräch) einer anonymen Recherche oder Auskunft durch Dritte vorzuziehen ist, können derartige Verfahren die Personalentwicklungsarbeit systematisieren und vereinfachen. Dazu zählt eine Analyse der Personalakten, in denen die Eignungsprofile bei Einstellung in die Einrichtung sowie alle besuchten Fort- und Weiterbildung zu erfassen sind. Vorgesetze kennen zudem die Stärken und Schwächen ihrer Mitarbeiter.

Abb. 71: Ablauf der Personalentwicklung (siehe Scholz 2000, 506)

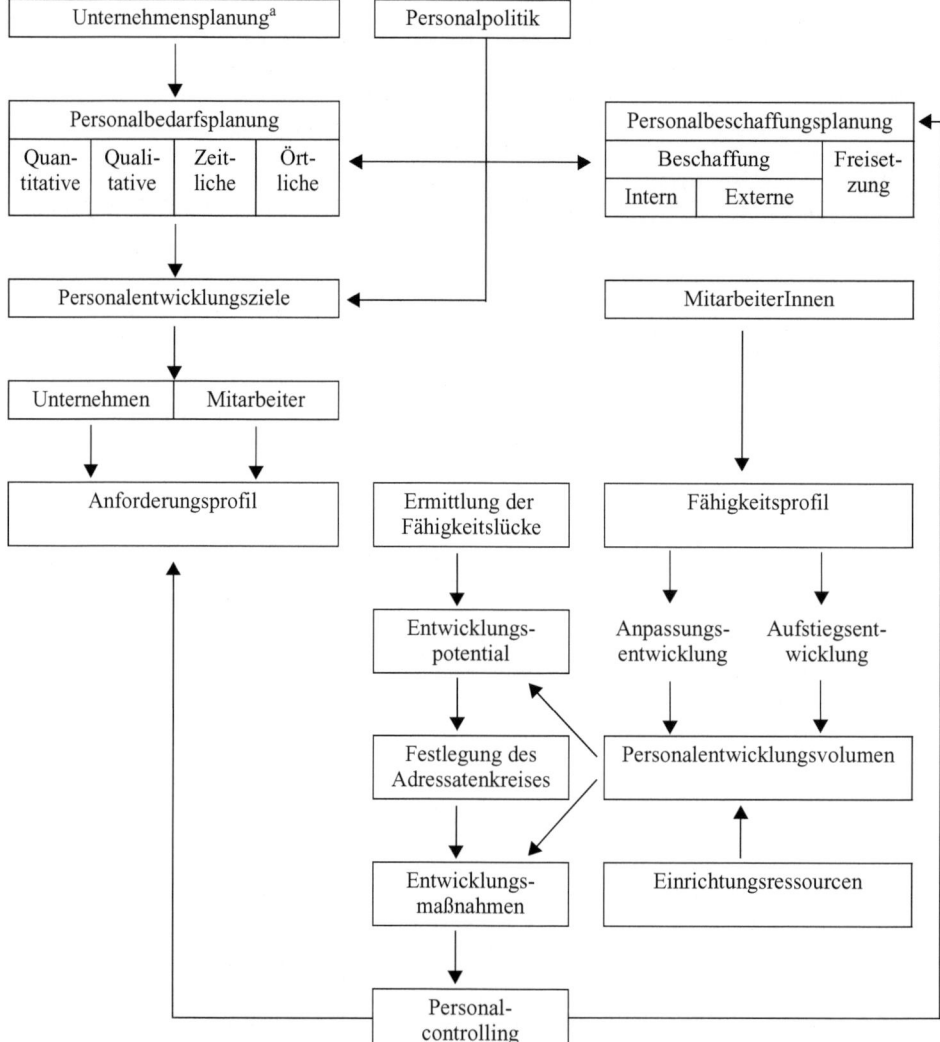

a. Unterstellt wird hier eine market-based-view. Unterstellt man stattdessen einen ressource-based-view finden sich die Unternehmensziele in den jeweiligen Personalentwicklungszielen wieder. Personalentwicklungsmaßnehmen hätten dann bsw. die Absicht, Mitarbeiter im Sinne einer größeren Wettbewerbsfähigkeit durch größeres Innovationspotential zu entwickeln.

Die Mitarbeiterbefragung zeichnet ein allgemeines Bild der Fort- und Weiterbildungswünsche, die wiederum Marktsignale für zu entwickelnde Fortbildungen sein können. Insbesondere dann, wenn nicht klar ist, welche Mitarbeiter notwendige Schlüssel- und Führungskompetenzen mitbringen, weil sie bislang keinerlei Erfahrungen sammeln konnten, unterstützen Tests und Assessment-Center die Karriereplanung des Führungsnachwuchses, wo speziell Führungskompetenzen beobachtet werden können.

Der Ermittlung des Fähigkeitspotentials steht die Bestimmung des Entwicklungsbedarfs durch die Einrichtung selbst gegenüber. Der Personalentwicklungsbedarf ergibt sich aus den Einrichtungszielen zur Anpassungsentwicklung und zur Nachfolgeplanung. Grundsätzlich leiten sich die Anforderungsprofile aus drei Faktoren ab:

Abb. 72: Orientierung des Anforderungsprofils Anforderungsprofil

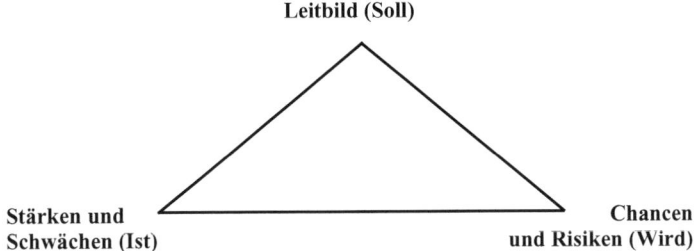

Die Analyse der derzeitigen Stärken und Schwächen spiegelt sich in einer quantitativen und qualitativen Personalbedarfsplanung wieder, die Chancen und Risiken schätzen zukünftige Entwicklungen ab, die einen entsprechenden Anpassungsbedarf der Einrichtung auslösen (Personalbedarfsplanung). In Verbund mit dem Leitbild und den daraus abgeleiteten strategischen und operativen Zielen (Unternehmens- und Personalpolitik) leiten sich die Grundsätze ab, welche Ziele künftig verfolgt werden sollen, welche Führungsgrundsätze dabei zu beachten sind, woran sich die Personalpolitik auszurichten hat.

Werden die Erwartungen intern nicht erfüllt, ist zu entscheiden, ob das benötigte Personal extern angeworben oder intern weiter entwickelt wird. Problematisch für die Einrichtung ist jedoch, dass im Gegensatz zur möglichen genauen Kenntnis der Stärken und Schwächen die Chancen und Risiken nur mit einer gewissen Wahrscheinlichkeit eintreten. Der zukünftige Bedarf ist daher in Qualität und Quantität nicht exakt planbar, sondern nur zu vermuten.

Die Ermittlung des Anpassungserfordernisses setzt eine Auseinandersetzung mit den Veränderungen der politischen, sozialen und ökonomischen Umwelt voraus. Beck/Schwarz (2004) diskutieren dies unter den Gesichtspunkten:

Anpassungserfordernisse im Sozialen Bereich

- Steigende Legitimationsanforderungen an Soziale Arbeit
  - Strukturelle und organisatorische Mängel in den Einrichtungen
  - Unklare Ziele, Konzepte und problematische methodische Verfahrenweisen

Beispiel

> **Beispiel:**
> Über 100 Weiterbildungsstudiengänge im Sozialmanagement werden zurzeit in Deutschland angeboten. Dies spiegelt den (erwarteten) großen Bedarf sozialer Einrichtungen in Bezug auf betriebs- und managementbezogenes Wissen und Können wider. Die gesuchten Stellenprofile von Führungskräften im sozialen Bereich haben sich verschoben. Wurden vor 15 Jahren noch weitgehend Führungskräfte gesucht, die eine (sozial)pädagogische Ausbildung vorzuweisen hatten, können sich mittlerweile nur noch BewerberInnen behaupten, die über eine fundierte betriebswirtschaftliche Ausbildung nebst (sozial)pädagogischen Studium, Erfahrung oder Zusatzqualifikation verfügen.

- ■ Fehlende Wirksamkeitskontrolle der Behandlungsprozesse
- • Orientierung an Effizienz und Effektivität
  - ■ Definition der Angebote und Dienstleistungen als »Produkte«
  - ■ Wettbewerbsorientierung
  - ■ Marktrelevante Bedeutung der Qualität der Angebote
- • Einfluss der Europäisierung und Globalisierung
  - ■ Öffnung der Sozialmärkte für EU-Anbieter
  - ■ Angleichung der Rechtsverhältnisse (z.B. Gemeinnützigkeitsrecht)
  - ■ Finanzschwäche und Arbeitslosigkeit in Deutschland

Wettbewerb

Zur näheren Analyse der Marktkräfte und ihrer Umwelteinflüsse sind fünf Wettbewerbskräfte (Porter 1999) zu unterscheiden, die sich auf die Zukunft einer Sozialen Einrichtung auswirken können.

- • Die jeweiligen Wettbewerbssituationen auf den Sozialmärkten, die z.T.. sehr unterschiedlich sind (vgl. Weiterbildungsmarkt, Markt für stationäre Behinderten- oder Jugendleistungen).
- • Die Bedrohung durch potentielle Anbieter vor allem aus dem privaten Bereich, aber auch durch Erschließung neuer Handlungsfelder durch andere soziale Einrichtungen
- • Die Bedrohung durch substitutive Produkte, die einen ähnlichen Nutzen stiften wie die angebotene Dienstleistung: ambulante Versorgung bedroht stationäre Versorgungsformen
- • Der zunehmende Einfluss von Ressourcenlieferanten wie Arbeitnehmer (insbesondere bei Fachkräften im Altenpflegebereich), Zuschussgeber oder Kreditgeber (z.B. die verschärften Finanzierungsmodalitäten nach BASEL II)
- • Der zunehmende Einfluss der Kunden und Klienten (z.B. durch das persönliche Budget, Bildungsgutscheine, freie Trägerwahl)

Wachstumszyklus

Das Anpassungserfordernis an eine sich verändernde Umwelt spiegelt sich unter anderem im **Wachstumszyklus** der Dienste und Leistungen wieder. Stationäre Unterbringung von Jugendlichen gilt insgesamt als Leistung, die von sinkenden Wachstumsraten gekennzeichnet ist (Reifephase). Typisch wäre in einer solchen Situation ein zunehmend scharfer Preiswettbewerb bei sich immer mehr ähnelnden Leistungsangeboten.

3.7 Personalentwicklung

Abb. 73: Analyse der Marktkräfte (Porter 1999)

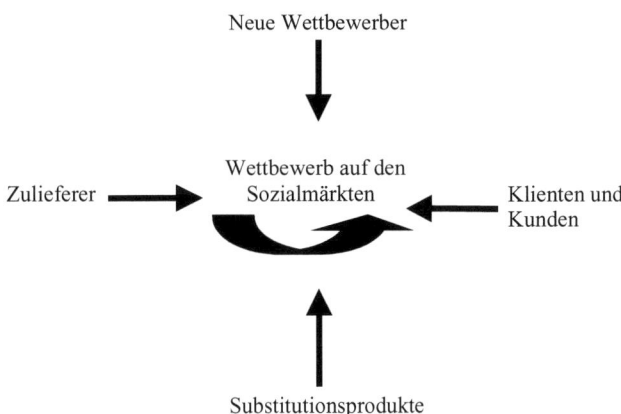

Ambulante Betreuungsleistungen dagegen verzeichnen trotz Kostensenkungsmaßnahmen immer noch Wachstumsraten (Wachstumsphase). Auch wenn es durchaus ebenfalls in einigen Sozialmärkten scharfe Preiswettbewerbe gibt, findet hier die Auseinandersetzung im Wettbewerb über die Qualität der erbrachten Leistungen und über Leistungsinnovationen statt. »Newcomer« sind zurzeit selbstständige »CasemanagerInnen« im Zuge der Betreuung von Arbeitslosen nach HARTZ IV. Ein Produkt, das in der Niedergangsphase sich befindet ist die Umschulungen von Arbeitslosen[29].

Personalentwicklungsmaßnahmen orientieren sich an dem betrieblichen Bedarf und an den vorhandenen Ressourcen. Da in der **Wachstumsphase** einer Dienstleistung es ratsam ist, vor allem die Qualität zu verbessern und sich durch weitere Innovationen vom Wettbewerber zu differenzieren, werden die dort anfallenden Überschüsse wieder in diesen Bereich reinvestiert, d.h., dass das Personal als wichtigster Produktionsfaktor entsprechend zu fördern ist. Im Gegensatz zur **Entwicklungsphase**, die unter anderem ganz von der Innovationskraft der Mitarbeiter lebt, werden in der Wachstumsphase konkrete Weiterbildungsbedarfe deutlich. Dies äußert sich auf allen Ebenen der Fach-, Methoden und Sozial- und Führungskompetenz.

In der **Reifephase** gerät die Dienstleistung durch starken Wettbewerb und Standardisierung stark unter Kostendruck. Es empfiehlt sich, frei werdende Kapazitäten in die Entwicklung neuer Produkte zu investieren. Mitarbeiter könnten sich in Projektarbeit und zeitweiligen Projektführungs-

... und Personalentwicklung

---

29 Der Produktlebenszyklus hat eher heuristischen als empirischen Wert, auch wenn es zahlreiche empirische Untersuchungen gibt. Seine Länge ist für unsere Überlegungen nicht entscheidend. Sie kann sehr lang sein, zum Beispiel bei stationären Jugendeinrichtungen, die es sicherlich auch noch in 10 Jahren geben wird, oder sehr kurz wie das Beispiel der PersonalServiceAgenturen zur Vermittlung von Arbeitsuchenden zeigt. Insgesamt wird aber eine immer kürzere Lebensdauer zu erwarten sein.

Abb. 74: *Wachstumszyklus von Dienstleistungen und Personalpolitik*

Produktlebenszyklus					
Phasen					
Kriterien (Umsatz Inanspruchnahme)	Einführung	Wachstum	Reife	Niedergang	Zeitablauf
Umsatz **Inanspruchnahme**	Geringes Wachstum	Starkes Wachstum	Sättigung	Rückgang	
Resultat	Hohe Verluste wg. Investitionen	Hoher Gewinn durch Marktvorsprung	abnehmender Gewinn wegen starker Konkurrenz	Geringer Gewinn, Verluste; Marktaustritt	
Auswirkungen auf das Personalmanagement					
Personalbeschaffung	• Suche nach den qualifiziertesten Spezialisten	• Mitarbeiterrekrutierung und Karriereplanung für Führungskräfte • Dynamik im internen Arbeitsmarkt	• Nutzung der Fluktuation zur Schaffung von Stellenreserven ohne Entlassung	• Freisetzungen und interne Versetzungen	
Personalentwicklung	• Schulungen: into the job • Bestimmung **von zukünftigen Anforderungen und Karrierepfaden**	• Hohes Schulungsaufkommen • Schulungen on the job • Schulungen off the job • Schulungen near the job • Individuelle und teamorientierte **Führungskräfteentwicklung**	• Mittleres bis geringes Schulungsaufkommen • **Erhaltung von Flexibilität und Qualifikation** bei alterndem Personal	• Niedriges Schulungsaufkommen • Schulung out of the job • Umschulungen und Outplacementmaßnahmen	

aufgaben profilieren. Die im Segment verbleibenden Mitarbeiter sind jeweils gemäß den sich ändernden Umweltansprüchen zu schulen, um die Qualität der Leistung zu erhalten. Sie laufen allerdings Gefahr, dass sie auf Dauer, wenn die Dienstleistung nicht mehr oder nur noch geringfügig nachgefragt wird, nicht nur zum alten Eisen zu zählen, sondern eventuell auch ihren Arbeitsplatz zu verlieren (**Niedergangsphase**). Sofern überhaupt Anpassungsmaßnahmen angeboten werden (Schulung out of the

3.7 Personalentwicklung

job) können in sog. Outplacement Veranstaltungen Qualifikationen für einen (eventuell!) neuen Arbeitsplatz erlangt werden.

> **Beispiel:**
> 1993 bekam der Weiterbildungsträger Lernhausen e.V. von der Arbeitsverwaltung den Auftrag eine Umschulungsmaßnahme für arbeitslose Ausländerinnen im Bekleidungsbereich durchzuführen. Der dafür eingestellte Schneidermeister Hans Fleißig stand zunächst vor der Aufgabe, diese für den Bildungsträger neue Maßnahme zu konzeptionieren (**Einführungsphase**). Nach erfolgreichem Abschluss des ersten Lehrganges vergab die Arbeitsverwaltung in den kommenden Jahren weitere Lehrgänge an den Weiterbildungsträger. Der Maschinenpark wurde deutlich verbessert. Hans Fleißig besuchte Didaktikveranstaltungen, wurde Mitglied im IHK-Prüfungsausschuss; lernte zudem Russisch und mit Hilfe einer Kollegin konnten zweisprachige Unterrichtsmaterialien erstellt werden. (**Wachstumsphase**) Diese Phase dauerte einige Jahre. Nachdem immer mehr Bekleidungsunternehmen geschlossen wurden, wollte man in der Arbeitsverwaltung die anspruchsvolle Ausbildung, die trotz allem hohe Vermittlungserfolge aufweisen konnte, nicht mehr in dieser Form und vor allem nicht mehr zu diesem Preis fortsetzen. Es wurden zusätzliche Teilnehmer aus anderen Bereichen für kurze Schulungsmaßnahmen gewonnen. Hans Fleißig hatte kaum noch Zeit sich um seine eigene Fortbildung zu kümmern, hatte doch der organisatorische Aufwand immer mehr zugenommen. (**Reifephase**). 2001 wollte die Arbeitsverwaltung keine neuen Teilnehmer mehr entsenden. Der Bildungsträger bot Hans Fleißig an, für eine Übergangszeit von sechs Monaten sich in der Verwaltung für Büroarbeiten zu qualifizieren, um leichter bei einer anderen Einrichtung einen neuen Arbeitsplatz zu finden (**Niedergangsphase**). Dies gelang ihm zwar nach längerer Zeit der Arbeitssuche, allerdings nur für eine befristete Zeit. Seit 2005 ist Hans Fleißig im Vorruhestand.

Beispiel

Nun treten bei der Bestimmung geeigneter Personalentwicklungsmaßnahmen allerdings eine Reihe von subjektiven und objektiven Schwierigkeiten auf.
- **Ermittlung des Fähigkeitsprofils:**
  ➢ Nicht beobachtete Fähigkeiten oder Beschränkungen
  ➢ Subjektiv verzerrte Beobachtungen
- **Ermittlung des Anforderungsprofils:**
  ➢ Unklare Zielsetzung
  ➢ Unvorhergesehene Umweltänderungen
  ➢ schwierig zu prognostizierender Bedarf (wie lang dauert eine Phase im Produktlebenszyklus?)
- **Festlegung und Evaluierung geeigneter Maßnahmen:**
  ➢ Mitarbeiter bringen selten exakt das gewünschte Profil mit
  ➢ Maßnahmen sind teilweise nur schwer auf ihren Ursache-Wirkungszusammenhang zu evaluieren
  ➢ Transfer des Gelernten in die Praxis nur schwer zu überprüfen

Probleme der Ermittlung des Eignungsprofils

3.7.3 Konzepte der Personalentwicklung

Personalentwicklungsmaßnahmen setzen zu allen Zeiten der Mitarbeit in einer Einrichtung an: In der Einführungsphase gilt es, nachdem der geeignete Bewerber ausgesucht wurde, diesen in das neue Arbeitsfeld schnellstmöglich zu integrieren. Dies kann bereits mit der Ausbildung beginnen (bsw. bei Altenpflegerinnen), gezielt Traineeausbildungen umfassen (Einarbeitung von künftigen Führungskräften) oder durch Einarbeitung mit Hilfe von Kollegen und durch Unterstützung von Mentoren und Paten erleichtert werden (**Training into the job**).

Trainig into the job
– on the jop
– near the jop
– off the jop
–along the job
– out of the job

Die vielfältigen Änderungen am Arbeitsplatz und Führungsanforderungen werden durch Schulungsmaßnahmen am Arbeitsplatz **(Training on the job)**, durch arbeitsplatznahe Maßnahmen **(Training near the job)** oder klassisch auch außerhalb des Arbeitsplatzes **(Training off the job)** durchgeführt. Führungskräfte und Nachwuchskräfte können speziell noch durch Maßnahmen gefördert werden, die ihre Karriereentwicklung unterstützen sollen **(Training along the job)**. Um der sozialen Verantwortung auch in kritischen Phasen und zum Ende der Beschäftigung gerecht werden zu können setzt sich zunehmend mit dem **Training out of the job** ein Personalentwicklungsbereich durch, der eine gütliche Trennung bzw. einen sanften Ausstieg aus dem Berufsleben beabsichtigt.

Für viele Einrichtungen stellt sich die Frage, ob sie die Personalentwicklungsmaßnahmen intern oder extern durchführen (lassen) Dies betrifft vor allem Bildungsmaßnahmen, die sowohl on the job, near the job aber auch off the job durchführbar sind. Einen Kriterienkatalog zur Entscheidung bietet Mentzel (2005, 222).

Abb. 75: *Übersicht Personalentwicklungsmaßnahmen*

Übersicht: Personalentwicklungsmaßnahmen
Into the job
- Berufsausbildung
- Praktika
- Einarbeitung
- Trainee-Programm
- Mentoring, Patenschaften

On the job
- Mitarbeitergespräch
- Stellvertretung
- Projektarbeit
- Job enlargement (Ausdehnung des Verantwortungsbereiches)
- Job enrichment (Vertiefung des Verantwortungsbereiches)
- Job rotation (Wechsel des Verantwortungsbereiches)

Off the job
- Fachseminare
- Vorträge
- Studium (z.B. Masterstudiengang Sozialmanagement)
- Outdoortraining
- Near the job
- Entwicklungsarbeitsplatz
- Qualitätszirkel
- Projektarbeit
- Coaching
- Mentoring
- Supervision
- Planspiel

Along the Job
- Laufbahnplanung
- Karriereplanung

Out of the Job
- Outplacement[a] (Beratung und Begleitung bei Verlust des Arbeitsplatzes)
- Vorruhestand, Gleitender Ruhestand

a. Unter Outplacement wird eine faire Form vollzogener Trennung zwischen Einrichtung und Mitarbeiter (meist Führungskräfte!) verstanden, mit dem Ziel, dass die berufliche Tätigkeit in einer anderen Einrichtung oder Unternehmen fortgesetzt werden kann. Ursache sind in der Regel betriebsbedingte Kündigungen oder auch Änderungskündigungen eventuell auch persönlich bedingte Kündigungen (z.B. bei Krankheiten). Verhaltensbedingte Kündigungen dürften wohl eher nicht in Frage kommen. Die durch das Outplacement anfallenden Kosten für Beratung und Schulung werden von der in Richtung übernommen (siehe Mentzel, 2005; 166f.)

Abb. 76: Kriterienkatalog zur Durchführung von internen oder externen Weiterbildungsmaßnahmen

Kriterien

Kriterien	Kommentar
Teilnehmerzahl	Je kleiner der interne Kreis, um so eher eine externe Veranstaltung
Art und Inhalt der zu bearbeitenden Themen	Je firmenspezifischer und arbeitsplatzbezogener, desto besser interne Veranstaltung
Vertraulichkeit der Bildungsinhalte	Wenn vertrauliche Inhalte, dann interne Veranstaltung
Einschwören auf Corporate Identity	Firmenphilosophie kann nur intern vermittelt werden
Gewünschte Einflussnahme auf Zielbestimmung und Planung	Gewünschte Einflussnahme ist vor allem bei internen Veranstaltungen möglich und sinnvoll
Bereitstellung von Umsetzungshilfen in der Praxis	Lernkontrollen und Transferkontrollen können am besten intern durchgeführt werden.
Gewinnung neuer Ideen	Externe Seminare sind wegen des kollegialen Austausches über die eigenen engen Einrichtungsgrenzen hinaus vor allem bei den Mitarbeitern beliebt
Lernklima und Lernbereitschaft	Insbesondere wenn nur einzelne Mitarbeiter am externen Seminar teilnehmen ist das Lernklima ungezwungen
Störanfälligkeit der Lehr-Lernprozesse	Interne Seminare sind störungsanfälliger (insb. wenn Führungskräfte mit dabei sind)
Verfügbarkeit geeigneter Referenten	Externe Seminaranbieter bieten in der Regel einen Spezialisierungsvorteil
Pädagogische Erfahrung	Externe Anbieter haben meist eine größere pädagogische Kompetenz (Kernkompetenz!)
Homogenität des Teilnehmerkreises	Interne Seminare sind in der Regel homogener. Lernziele können dadurch leichter realisiert werden.
Zeitliche Aspekte	Bei spontanem Schulungsbedarf sind interne Seminare vorzuziehen; sie sind in der Regel flexibler. Allerdings abhängig von der Größe der Gruppe.
Kosten	Externe Seminare sind in der Regel wegen Anfahrtszeiten und Übernachtungen teurer.
Kontrollmöglichkeiten	Interne Seminare sind leichter zu kontrollieren
Bildungscontrolling	Die Steuerung des Lern- und Transfererfolges ist intern leichter möglich.

3.8 Fazit

Personalwirtschaftsmaßnahmen stellen stets ein geplantes und entscheidungsorientiertes Vorgehen dar. Welche Planung erforderlich ist, welche zum Ziel führen, hängt maßgeblich von der Diagnose der Ausgangssituation ab. Zu Beginn wurden mit dem market-based-Ansatz und dem resource-based-Ansatz zwei sehr konträre Systemansätze vorgestellt, die unterschiedliche Personalplanungen, Arbeitsverträge, Honorierungen und auch Entwicklungsmaßnahmen nahe legen. In der Praxis dürften dagegen stets Mischformen vorzufinden sein. Ob sie dem integrierten Ansatz nach Hilb annähernd entsprechen, darf wohl eher bezweifelt werden. Das hat nicht nur etwas mit mangelnden Wollen oder Können zu tun, sondern schlichtweg auch mit mangelndem Wissen um die richtige Markteinschätzung. Aus diesem Grund finden sich in der Praxis eher Trial-and-Error-Versuche. Wie kann eine Personalwirtschaft angemessen auf Marktkonstellationen regieren und woran kann sie sie erkennen (Meyer-Ferreira/Lombriser 2003, 5ff)?

Market-based oder resource-based

Der wesentliche Unterschied zwischen einer market-based und einer ressource based -Orientierung liegt in der Betonung der unterschiedlichen Märkte: beim market-based-Ansatz liegt die Betonung auf der Kundensicht und damit dem Absatzmarkt. Im anderen Fall verschiebt sich diese externe Sichtweise zu einer internen hin, zum Arbeitsmarkt. Doch nicht nur auf diesen beiden Märkten wird Einfluss genommen. In Non-Profit-Organisationen entscheiden mitunter die Zuschussgeber direkt, welche Unternehmens- und damit auch Personalstrategie möglich ist. Welche Personalplanung die richtige ist, entscheidet sich aufgrund der einzelnen Marktkonstellationen.

- **Dominanter Absatzmarkt**

Ist der Absatzmarkt dominant (market based), wegen Änderungen der Kundenwünsche[30], gesetzlichen Veränderungen[31] oder der Marktbedingungen[32], stehen die Nachfrageeinflüsse und Konkurrenzbedingungen im Vordergrund.

Abhängig von der Situation

Wer eine Zeitlang Aufträge der Bundesanstalt für Arbeit erhalten hat, wird das Preisverhalten dieses Monopolisten kennen und den damit verbundenen Preisdruck. Konkurrenzfähig war und ist wohl nur die Einrichtung, die die Personalkosten über mehrere Perioden nicht nur konstant hielt, sondern senkte. Bei gleich bleibender Arbeitsproduktivität geht das nur über Lohnkürzungen oder den Ersatz »teurer« Kräfte durch »billige«. Die Abkehr großer Wohlfahrtsverbände und einer Reihe von freien Anbietern

---

30 Zu denken wäre bspw. an die wenig stetige Nachfrage und die verschärften Ausschreibungsbedingungen der Bundesagentur für Arbeit, die eine Vielzahl von gemeinnützigen Bildungsträgern mit Schulungen und Projekten für Arbeitsuchende beauftragen.
31 Bspw. die Marktöffnung bei Sozialstationen oder die Qualitätsprüfungen bei Alten-(pflege)heimen
32 Z.B. die Einführung von Bildungsgutscheinen als Ausdruck für eine Veränderung von der objektorientierten Förderung hin zur subjektorientierten Förderung

von der BAT-Orientierung mit seinen sozial ausgerichteten Tarifsätzen dürfte wohl dem Kostendruck auf den Absatzmärkten geschuldet sein.

- **Dominanter Arbeitsmarkt**

Ist der Arbeitsmarkt entscheidend, weil Arbeitskräftemangel herrscht, ergeben sich Wettbewerbsvorteile auf dem Absatzmarkt, wenn durch besseres Image, bessere Unternehmenskultur und bessere Leistungen kompetentere Mitarbeiter an die Einrichtung gebunden und gehalten werden können.

Wem es gelingt, attraktive Arbeitszeiten mit Arbeitsbedingungen und Arbeitslohn zu kombinieren, verschafft man sich gegenüber Mitbewerbern erhebliche Wettbewerbsvorteile. Der Mitarbeiter als Kostenfaktor tritt in den Hintergrund. Es dominiert bei Arbeitskräftemangel die Sichtweise des Stakeholders Mitarbeiter und damit die Attraktivität des Arbeitsplatzes.

Investitionen in Human Capital und damit Personalentwicklungsmaßnahmen, die darauf abzielen, das Wertschöpfungspotential der Mitarbeiter zu erhöhen und in Wettbewerbsvorteile umzuwandeln, lohnen sich demnach vor allem, wenn die **Kernkompetenzen** sehr knapp und damit nur zu sehr überhöhten Preisen sind und wenn sie gleichzeitig für die Einrichtung wertvoll sind.

Sind die Arbeitskräfte weder selten noch »wertvoll« im Sinne einer Alleinstellung auf dem Absatzmarkt liegt ein typischer Bereich befristeter Arbeitsverhältnisse vor, die für vergleichbare Aufträge kurzfristig angeworben und für die Laufzeit des Projektes beschäftigt werden (können). Problematisch sind allerdings die relativ schlechten Arbeitsbedingungen für die Einrichtungen unter Umständen schon: Die Gefahr einer Mitarbeiterkündigung zum vorzeitigen Ausstieg ist nicht unwahrscheinlich und kann erhebliche Mehrkosten und Qualitätsverluste nach sich ziehen[33].

- **Dominanter Zuschussmarkt**

Der Zuschussmarkt beeinflusst in vielfältiger Weise die sozialen Einrichtungen, sei es durch direkte Spenden, Zuschüsse und Subventionen, die mit oder ohne Gegenleistungen erbracht werden müssen (z.B. bei Sponsoringprojekten), und die Unterstützungen des Trägers. Projektmittel und Auftragsleistungen werden dem Absatzmarkt zugeordnet, auch wenn die Grenzen sicherlich unscharf sind. Der Stakeholder Zuschussgeber beeinflusst umso mehr die Unternehmens- und die Personalstrategie, je größer die Abhängigkeit von ihm ist[34]. Das ist umso wahrscheinlicher, je mehr Personen und deren Kompetenzen mit bezuschussten Aufgaben verbunden wurden.

---

33 Die Einrichtungen der Erwachsenenbildung wurden in der Vergangenheit häufig als Zwischenstation für angehende LehrerInnen gewählt. Sobald der meist extrem kurzfristige Einstieg in das Beamtenverhältnis möglich ist, waren und sind solche Arbeitskräfte nicht mehr zu halten.

3.8 Fazit

Beispiel: Dienstleistungseinrichtungen, die seitens der Kirche unterstützt werden und oder in kirchlicher Trägerschaft sind (z.B. kirchliche Stiftungen als Träger von Altenheimen und Krankenhäusern), unterliegen weitgehend auch der kirchlichen Dienstordnung, die neben dem Mitarbeitervertretungsrecht auch ein kirchliches Dienstrecht vorsieht.

Angesichts der Heterogenität der Einrichtungen und ihrer jeweiligen Absatzmärkte dürften alle Ausprägungen tendenziell vorkommen. Fehlentscheidungen in Folge falscher Situationseinschätzung können jedoch bedrohliche, finanzielle Folgen hervorrufen. Wenn nach wie vor an einer eher qualitätsorientierten Sicht festgehaltenen wird mit entsprechenden Maßnahmen der Personalentwicklung, gleichzeitig aber der Absatzmarkt dominiert und nur noch kosten- und damit preisgünstige Einrichtungen Aufträge erhalten, führen hohe qualifikatorische Kompetenzen zu einem hohen Leistungsniveau bei gleichzeitig hohen Preisen, die jedoch nicht mehr wettbewerbsfähig sind, weil sich Auftraggeber und Abnehmer nicht an der Qualität, sondern am Preis orientieren. Die Folge sind umfassende Umsatzeinbrüche, Verluste von Marktanteilen und Unterbeschäftigung des Personals.

Fragen zu Kapitel 3:

1. Wie können Unternehmensstrategie und Personalstrategie miteinander verbunden sein?
2. Was impliziert personalpolitisch die Strategie der Kostenführerschaft?
3. Welche Ziele werden von Arbeitgeber- und von Arbeitnehmerseite mit der Personalplanung verbunden?
4. Unterscheiden sie die Einsatzgebiete der Personalplanung!
5. Welche Mitarbeitergespräche werden im betrieblichen Alltag geführt?
6. Benennen Sie die Einflussfaktoren der Personalbedarfsplanung?
7. Was sind die Determinanten eines optimalen Personalbedarfs?
8. Wie viele MitarbeiterInnen benötigen Sie?

---

34 Diese Abhängigkeit muss keineswegs allein auf finanzielle Unterstützung basieren. Konfessionelle Krankenhäuser und Altenheime bspw. erhalten außer organisatorischer Unterstützung in der Regel keine finanziellen Unterstützungen. Trotzdem obliegen strategische Personalentscheidungen, wie das Outsourcing von Serviceabteilungen (Wäscherei, Küche) in eigene, nicht dem Mitarbeitervertretungsrecht (MAVO) und der Allgemeinen Vertragsrichtlinien (AVR) unterliegenden Betriebe kirchenobrigen Genehmigungen. Der Einfluss mag auch darauf zurückzuführen sein, dass in Vorstands- und Entscheidungsgremien kirchliche Vertreter erheblichen Entscheidungseinfluss haben.

In Ihrer Beratungseinrichtung sind folgende Arbeiten zu leisten:

• Beratungserstgespräch	• 60 Minuten
• Folgegespräche (i.d.R. 6 pro Klient)	• 30 Minuten
• Telefonische Beratung (i.d.R. 4 pro Klient)	• 15 Minuten
• Therapeutische Gruppensitzung (wöchentlich, jede(r) Mitarbeiter führt dies durchschnittlich 5 mal im Jahr durch	• 120 Minuten
• Kontakt mit Behörden und Arbeitgebern (pro Klient)	• 60 Minuten
• Aktenstudium (pro Klient)	• 60 Minuten
• Hausbesuche (durchschnittlich 2 Hausbesuche auf drei Klienten)	• 120 Minuten
• Fahrtzeiten zu Behörden, Arbeitgebern, Hausbesuche (pro Klient)	• 150 Minuten
• Mitarbeiterbesprechung (wöchentlich)	• 120 Minuten
• Ablage und Aktenführung (pro Klient)	• 40 Minuten
Anzahl der Klienten (pro Jahr)	**1.000**
Fragen: 1. Wie viele Beratungskräfte benötigen Sie? 2. Angenommen, die Mitarbeiter haben eine nicht vorgesehene Frühstückspause von 15 Minuten täglich, wie viele Klienten hätte man in dieser Zeit betreuen können? 3. Unterstellen Sie Bruttolohnkosten von 40.000 € p.a. pro Beraterin! Wie hoch liegen die Personalkosten insgesamt? Was kostet eine Beratung eines Klienten, wenn Sie von weiteren Kosten absehen? Was kostet eine Beratungsstunde. 4. Die Einrichtung beschließt zur Neuorientierung mit allen Beratungskräften einen Workshop im Harz über drei Tage zu veranstalten. Wie viele Ressourcen gehen den Klienten dadurch verloren?	

9. Welche Anpassungsstrategien sind in der Ausstattungsplanung denkbar, wenn der Personalbedarf abnimmt oder unsicher ist?
10. Erläutern sie den Unterschied zwischen Fehlzeiten und Fluktuationen!
11. Eine Einrichtung will einen Mitarbeiter wegen anhaltenden Alkoholmissbrauchs kündigen? Was muss sie dabei beachten?
12. Welchen Vorteil bietet für eine Einrichtung die Ausweitung der Dienstzeiten auf Abendstunden und Wochenenden?
13. Welche Kompetenzen muss eine Führungskraft im Allgemeinen mitbringen?
14. Warum kann man eine Personaleinstellung als Investition bezeichnen?
15. Erläutern Sie die Vorteile einer externen Personalbeschaffung
16. Welche Konflikte entstehen bei jeder Personalauswahl?
17. Welche typischen Abschiedsformulierungen finden sich in Abschiedszeugnissen? Welche drückt eine Unzufriedenheit mit einem Arbeitnehmer aus?
18. Erläutern Sie den Aufbau eines strukturierten Interviews!

3.8 Fazit

19. Wie ermitteln Sie im Auswahlgespräch die Fähigkeit, sich gegenüber Klienten durchsetzen zu können?
20. Welche grundsätzlichen Rechte beeinflussen das Arbeitsrecht?
21. Welche Verpflichtungen entstehen für den Arbeitnehmer und für den Arbeitgeber aus dem Arbeitsvertrag?
22. Unter welchen Bedingungen dürfen befristete Arbeitsverträge abgeschlossen werden?
23. Ermitteln Sie das Bruttogehalt einer 40jährigen Sozialarbeiterin, verheiratet, kein Kind, eingruppiert in BAT B/L Verg. Vb!
24. Welchen Gerechtigkeitsansprüchen sollte die Personalhonorierung gerecht werden?
25. Zu welchem Anlass finden Mitarbeiterbeurteilungen statt?
26. Welche Fehler können bei Mitarbeiterbeurteilungen auftreten?
27. Erläutern Sie die verschiedenen Personalentwicklungsmaßnahmen anhand des Produktlebenszyklusmodells!
28. Welche Personalentwicklungsmaßnahmen kann man unterscheiden?

Literaturverzeichnis

Anger, G./Christ, H./Kiel, I./Müller H.: Personalwirtschaft, 2. Auflage, Troisdorf 2003
Beck, R./Schwarz, G.: Personalentwicklung, 2. Auflage, Bobingen 2004
Beer, M./Sector, B./Lawrence, P.R./Mills, D.Q./Walton, R.: Human Resource Management, New York @ 1985
Blake, R.R./Mouton, J.S.: Corporate Excellence through Grid Organization Development, Houston Texas 1968
Bröckermann, R.: Personalwirtschaft, 3. Auflage, Stuttgart 2003
Cohen, M.D./March, J.G./Olsen, J.P.: A garbage can model of organizational choice, in: ASQ 1/1972, S. 1-25
Conrad, P. Strategisches Personalmanagement in öffentlichen Verwaltungen, in: Eckardstein, D. v./Ridder H.-G. (Hrsg.): Personalmanagement als Gestaltungsaufgabe im Nonprofit und Public Management, München und Mering 2003
Crisand, E./Stephan, P.: Personalbeurteilungssysteme, 3. Aufl. Heidelberg 2002
Decker, F.: Effizientes Management für soziale Institutionen, Landsberg/Lech 1992
Dorfmeister
Drumm, H. J.: Personalwirtschaft, 5. Auflage, Berlin/Heidelberg 2005
Eckardstein, D. v./Ridder H.-G. (Hrsg.):Personalmanagement als Gestaltungsaufgabe im Nonprofit und Public Management, München und Mering 2003
Eckardstein, D. v./Ridder H.-G. (Hrsg.): Anregungspotenziale für Nonprofit Organisationen aus der wissenschaftlichen Diskussion über strategisches Personalmanagement, in: dies.: (2003) München und Mering 2003
Eckardstein, D. v.: Betriebliche Personalpolitik, 4. Auflage, München 1995
Fayol, H.: Administration industrielle et génerale, Paris 1916, (deutsch: Allgemeine und industrielle Verwaltung, München/Berlin 1929)
Fiedler, F.: Führungstheorie, Kontingenztheorie, in: Kieser, A./Reber, G./Wunderer, R.: Handwörterbuch der Führung, 2. Auflage, Stuttgart 1995, S. 940 – 953.
Fombrun, C.J./Tichy, N.M./Devanna, M.A.: Strategic Human Resource Management, New York 1984
Gomez, P./Zimmermann, T.: Unternehmensorganisation, Profile, Dynamik, Methodik, 4. Auflage, Frankfurt am Main 1999
Gomez, P.: Problemlösungs-, Zielsetzungs- und Entscheidungssystematik in der Führungspraxis, in: Schweizer Volksbank (Hrsg.): Die Orientierung Nr. 90, Bern 1987
Grotzfeld, S.: Zielvereinbarung, in: Haufe-Verlag: Personalmanagement., Freiburg i. Brsg. 2001
Harris, Th.: Ich bin O.K., Du bist O.K., Reinbek bei Hamburg 1975
Haufe-Verlag: Personalrecht 2005. Arbeitsrecht, Lohnsteuer und Sozialversicherung kompakt, Freiburg i. Brsg. 2005
Haufe-Verlag: Personalmanagement. Das Handbuch für effiziente Personalarbeit, Freiburg i. Brsg. 2001
Hentze, J.: Personalwirtschaftslehre 1, 6. Auflage, Bern/Stuttgart/Wien, 1994
Hentze, J./Kammel, A./Lindert, K.: Personalführungslehre, 3. Auflage, Bern/Stuttgart/Wien 1997
Hentze, J./Kammel, A.: Personalwirtschaftslehre 1, 7. Auflage, Bern 2001
Hersey, P./Blanchard, K.H.: Management of Organizational Behavior, New York 1977
Herzberg, F./Mausner, B./Snyderman, B.: Motivation, The Motivation to Work, New York 1959
Hilb, M.: Integriertes Personalmanagement – Ziele, Strategien, Instrumente, 12. Auflage, München, 2004
House, R.J./Mitchell, T.R.: Path-Goal Theory of Leadership, in: Journal of Contemporary Business 1974, S. 81-97
Inglehardt, R.: Modernisierung und Postmodernisierung, Frankfurt am Main/New York 1998
Janis. I.L./Mann, L.: Decision making, A psychological analysis of conflict, choice and commitment, New York/London 1977
Jung, H.: Personalwirtschaft, 6. Auflage, München/Wien 2005
Kelm, R.: Personalmanagement in der Pflege. Personaleinsatzplanung, Personalbeurteilung, Personalfreisetzung, Stuttgart 2005

Kelm, R.: Arbeitszeit- und Dienstplangestaltung in der Pflege, 2. Auflage, Stuttgart 2003
Kelm, R.: Personalmanagement in der Pflege. Arbeitsrechtliche Grundlagen, Personalbeschaffung, Personalführung, Stuttgart 2003
Kieser, A./Reber, G./Wunderer, R.: Handwörterbuch der Führung, 2. Auflage, Stuttgart 1995
Klimecki, R.G./Gmür, M.: Personalmanagement, 2. Auflage, Stuttgart 2001
Knorr, F.: Personalmanagement in der Sozialwirtschaft, Frankfurt am Main 2001
Kolhoff, L.: Ökologisches, koevolutionäres Handeln im sozialen Bereich, in: Soziale Arbeit, 12/1998, S. 398 – 405
Kolhoff, L.: Analyse und Entwicklung von Organisationen im sozialen Sektor, Augsburg 2003
Kossbiel. H./Muche, G.: Personalplanung, in: Haufe-Verlag: Personalmanagement. Freiburg i. Brsg. 2001
Knorr F.: Personalmanagement in der Sozialwirtschaft, Frankfurt a. M. 2001
Krekel, E.M./Seusing, B.: Bildungscontrolling – ein Konzept zur Optimierung der betrieblichen Weiterbildung, Berlin 1999
Küpper, W./Ortmann G. (Hrsg.): Mikropolitik- Rationalität, Macht und Spiele in Organisationen, 2. Auflage, Opladen 1988
Lange
Lewin, K./Lippitt, R./White, R.K.: Patterns of Aggressive Behavior in Experimental Created Social Climates, in: Journal of Social Psychology, Vol. 10 (1939), S. 271 – 299
Lewin, K.: Die Lösung sozialer Konflikte, Bern 1968
Lindblom, Ch.E.: The science of muddling through, in: Public Adminstration Review 2/1959, S. 79-88
Lisges, G./Schübbe, F.: Personalcontrolling, Planegg 2005
Luhmann, N.: Soziale Systeme, Grundriss einer allgemeinen Theorie, Frankfurt am Main 1984, 4. Auflage, Frankfurt am Main 1991
Maelicke, B.: Führung und Zusammenarbeit, Baden-Baden 2004
Malik, F.: Führen, Leisten, Leben, 5. Auflage, München 2001
Malik, F.: Strategie des Managements komplexer Systeme, 2. Auflage Stuttgart 1986
March, J./Olsen J.P.: Ambiguity and choice in organizations, 2. Auflage Bergen 1979
Maslow, A.H.: Motivation and Personality, New York 1954, (deutsch: Motivation und Persönlichkeit, Reinbek bei Hamburg 1981)
Maturana, H. R./Varela, F. J.: Der Baum der Erkenntnis, Bern/München 1987
Mayo, E.: Civilisation. The Social Problems of an Industrial Civilisation, Boston 1945
Mentzel, W.: Personalentwicklung, 2. Auflage München 2005
Mentzel, W.: Mitarbeitergespräche, 4. Auflage, Freiburg i.Brsg. 2004
Merchel, J.: Sozialmanagement, Münster 2001
Moreno, J. L.: Gruppentherapie und Psychodrama, Stuttgart 1959
Müller-Schöll, A./Priebke, M.: Sozialmanagement, 3. Auflage, Neuwied/Kriftel/Berlin 1992
Neuberger, O.: Das Mitarbeitergespräch, 5. Auflage, Leonberg 2001
Odiorne, G.S.: Management by objectives, Führung durch Vorgabe von Zielen, München 1967
Olfert, K./Steinbuch, P.A.: Personalwirtschaft, 9. Auflage, Ludwigshafen 2001
Olfert, K.: Personalwirtschaft, 11. Auflage, Ludwigshafen 2005
Parson, T.: Zur Theorie sozialer Systeme, Opladen 1976
Porter, M.: Wettbewerbsstrategie, 10. Auflage, Frankfurt a.M. 1999
Probst, G.J.B.: Selbstorganisation, Ordnungsprozesse in sozialen Systemen aus ganzheitliche Sicht, Berlin/Hamburg 1987
Reddin W.J.: Managerial Effectiveness, New York 1970
Reddin, W.J.: Das 3 D-Programm zur Leistungssteigerung des Managements, Landsberg 1981
Reichard, C.: Betriebswirtschaftslehre der öffentlichen Verwaltung, 2. Auflage, Berlin u.a. 1987
Rosenstil, L. v.: Mitarbeiterführung in Wirtschaft und Verwaltung, 3. Auflage, München 2002
Rosenstil, L. v./Regnet, E./Domsch, M.: Führung von Mitarbeitern: Handbuch für erfolgreiches Personalmanagement, 5. Aufl., Stuttgart 2003
Schein, E. H.: Unternehmenskultur – ein Handbuch für Führungskräfte, Frankfurt am Main/New York 1995
Schein, E.H.: Organisationspsychologie, Wiesbaden 1980
Scholz, Ch.: Personalmanagement, 5. Auflage, München 2000.
Schuler, H.: Beurteilung und Förderung beruflicher Leistung, Stuttgart 1991
Schwarz, G./Beck, R.: Personalmanagement, Alling 1997

Schweizer Volksbank (Hrsg.): Die Orientierung Nr. 90, Bern 1987
Sprenger, R.: Mythos Motivation, 17. Auflage, Frankfurt a. M. 2002
Staehle, W. H.: Management, 8. Auflage, München 1999
Steinmann, H./Schreyögg, G., Management: Grundlagen der Unternehmensführung, 3. Auflage, Wiesbaden 1993
Taylor, F.W., The principles of scientific management, New York 1911, (deutsch: Die Grundsätze der wissenschaftlichen Betriebsführung, Berlin/München 1917)
UNI-Magazin: Arbeitsmarkt Sozialpädagogik/Sozialarbeiter, 5/2004
Vester, F.: Unsere Welt – ein vernetztes System, 8. Auflage, München 1993
Vroom, V.H.: Work and Motivation, New York 1964
Watzlawick, P. (Hrsg.): Die erfundene Wirklichkeit. Wie wissen wir, was wir zu wissen glauben? Beiträge zum Konstruktivismus, München 1985
WBS Training: Personalentwicklung als Schlüssel: Mitarbeitende in der Altenhilfe stärken – ein Handbuch, Stuttgart 2004
Weber. M.: Wirtschaft und Gesellschaft, 1. Auflage 1921, 5. Auflage Tübingen 1972
Willke, H.: Systemtheorie entwickelter Gesellschaften, Weinheim 1989
Wunderer, R.: Führung und Zusammenarbeit, 5. Auflage, München/Neuwied 2003
Wunderer, R./Jaritz, A.: Unternehmerisches Personalcontrolling. Evaluation der Wertschöpfung im Personalmanagement, 2. Auflage, Neuwied/Kriftel 2002

Weitere Quellen:
Internet:
@bffbern.ch.: http://www.bffbern.ch/microsoft/steuerung/framesets/abteilungen.html (letzter Zugriff: 04.07.05)
www.wischnewski-online.de

5 Antworten zu den im Text gestellten Fragen

Antworten zu den Fragen zu Kapitel 1:

1. Technostrukturierte Organisationstheorien sind sachorientiert. Hier wird der Mensch als Teil der Maschine Organisation gesehen. Soziostrukturierte Organisationstheorien sind personenorientiert. Die Menschen in der Organisation orientieren sich an Leitbildern und Idealen und verstehen sich als Gruppe mit gemeinsamen Werten und Zielen. Systemstrukturierte Organisationstheorien gehen davon aus, dass Organisationen aus Elementen, Beziehungen und System-Umwelt-Relationen bestehen. Die Menschen in der Organisation sind Teil eines komplexen Wirkungsgefüges.
2. Der erkenntnistheoretische Hintergrund ist der mechanische Rationalismus. Technostrukturierten Modellen liegt ein Maschinenmodell zugrunde (human-engineering). Der Mensch wird als Zahnrad in einem Getriebe wahrgenommen, das sich in die Organisation einzupassen hat.
3. Fayol begründete 1916 das »Administrative Management«-Modell und unterscheidet Aufbau- und Ablauforganisationen und die Grundmodelle der Linien- und Stablinienorganisationen.
4. Das »Bürokratiemodell« wurde von Max Weber begründet und ist durch Merkmale gekennzeichnet wie z.B. Trennung von Amt und Person oder die Trennung von Fach- und Ressourcenverantwortung.
5. Die soziostrukturierten Ansätze sind im Gegensatz zu den technostrukturierten Ansätzen nicht an formalen Regeln, sondern an Personen und Symbolen orientiert (Leitbilder, Wertorientierung, Corporate Identity etc.).
6. Zum soziostrukturierten Ansatz gehört das »Human-Relation«- und »Human-Ressources«-Modell. Das »Human-Relation«-Modell betont informelle Aspekte der Arbeitsorganisation, insbesondere die Beziehung zwischen den Mitarbeitern, der »Human-Ressources«-Ansatz stellt die Bedürfnisse der Mitarbeiter in den Mittelpunkt von Steuerungsansätzen, um intrinsische Motivationen zu erreichen.
7. Systemstrukturierte Ansätze gehen davon aus, dass man komplexe Zusammenhänge nicht beschreiben kann, wenn man nur ein Element untersucht, sondern das Interaktionen zwischen den einzelnen Elementen eines System zu berücksichtigen sind. Systemstrukturierte Ansätze verabschieden sich von der Vorstellung steuern zu können. Sie versuchen nur noch, Prozesse zu beeinflussen.
8. Technostrukturierten Ansätzen liegt das Bild des »Rational- Economic-Man« zugrunde. Hier geht man davon aus, dass Menschen manipuliert, motiviert und kontrolliert werden können und dennoch rational handeln. Den soziostrukturierten Ansätzen liegt der »Social-Man« im Sinne der »Human Relation-Bewegung« zugrunde. Er wird durch die Befriedigung sozialer Bedürfnisse motiviert. Weiterhin wird den soziostrukturierten Ansätzen auch der »Self Actualizing Man« zugeordnet, der nach Autonomie strebt und Selbstmotivation und Selbstkontrolle bevorzugt und durch Fachautorität geführt werden kann. Systemstrukturierten Ansätzen liegt das Menschenbild des »Complex-Man« zugrunde, dessen Bedürfnisse sich verändern und der lernfähig ist. Die Führungskraft muss hier Unterschiede erkennen und eigenes Verhalten situationsgemäß anpassen.

Antworten zu den Fragen zu Kapitel 2:

1. In der Sozialwirtschaft haben sich postmaterielle Werte durchgesetzt. Teamarbeit, Mitsprache, eine Orientierung an Freizeit und Freiheit und eine kommunikative Arbeitsmoral werden eingefordert. Materielle Werte die sich an einer Aufrechterhaltung der Ordnung und hieraus abgeleitet an puritanischen Arbeitsauffassungen und Tugenden orientieren, sind dagegen stark zurückgegangen. In diesem Kontext wird vom Personalmanagement gefordert zu führen, das heißt zu motivieren, Prozesse zu begleiten und Teamfindungsprozesse zu unterstützen, statt durch hierarchische Positionen, Anweisungen und Befehlsbefugnisse zu leiten.
2. Führungsmodelle beschreiben ganzheitlich Elemente und die Interaktionen der Elemente, die an einem Führungsprozess beteiligt sind. Führungsstile beschreiben Eigenschaften, die direkt mit einer führenden Person in Zusammenhang stehen und Führungstechniken die Anwendung von Regeln unabhängig von der Situation und der Person.
3. Fiedler geht davon aus, dass es eine Kontingenz zwischen der Günstigkeit der Führungssituation, dem Führungsstil und dem Leistungsergebnis gibt, und zwar der Gestalt, dass Führungskräfte, die einen aufgabenorientierten Führungsstil pflegen, ein hohes Leistungsergebnis zeitigen, wenn die Führungssituation sehr günstig (die Aufgabe ist klar) oder sehr ungünstig (schlechte Beziehung und unstrukturierte Aufgaben etc.) ist, während Führungskräfte die einen beziehungsorientierten Führungsstil pflegen, oft dann effektiv sind, wenn die Situation eine mittlere Günstigkeit aufweist (die Aufgabe ist weitgehend strukturiert).
4. Inhaltsorientierte Motivationstheorien gehen davon aus, dass Menschen motiviert werden können, wenn ihre Bedürfnisse befriedigt werden. Es wird eine Bedürfnishierarchie zugrunde gelegt.
5. Prozessorientierte Ansätze stellen die Frage, wie Menschen zu motivieren sind und gehen davon aus, dass Menschen sich instrumentell verhalten und dann motiviert sind, wenn der individuelle Nutzen steigt.
6. Führungstheorien der rationalen Wahl gehen davon aus, dass Führungsprozesse nach rationalen, nachvollziehbaren Gesichtspunkten und kausallogisch nach dem Muster Diagnose, Planung, Umsetzung und Kontrolle erfolgen können.
7. Führungstheorien begrenzt rationaler Wahl gehen davon aus, dass es immer mehrere Personen gibt, die entscheiden und dass keine richtigen, sondern bestenfalls zufrieden stellende Entscheidungen erfolgen können.
8. Der Inkrementalismus geht davon aus, dass die Führungsprozesse nicht zielorientiert, sondern verfahrensorientiert erfolgen, entweder durch ein Durchwursteln oder durch ein Versuch-, Irrtumssystem.
9. Beim Konflikt-Modell der Führung dient der Führungsprozess dazu, den persönlichen Nutzen Einzelner oder bestimmter Gruppen zu maximieren.
10. Beim Politik-Modell der Führung gibt es unterschiedliche Ziele und unterschiedliche Führungspersonen, die in unterschiedlichen Koalitionen Aushandlungsprozesse und Machtkämpfe führen.
11. Der Führungsprozess ist völlig ungeordnet und zufallsgesteuert. Die Führungsprozesse erfolgen dezentral in Kommissionen nach teilweise chaotischen Kriterien.

12. Klassische eindimensionale Führungsstile gehen davon aus, dass das Verhalten der Geführten vom Verhalten der Führungsperson geprägt ist, ob autoritär, demokratisch, laissez-faire, charismatisch oder bürokratisch. Der Führende orientiert sich am Führungsverhalten der Führungsperson. Dieses Führungsverhalten ist sehr stark von der Charakterstruktur der Führungsperson abhängig.
13. Zweidimensionale Führungsstile ergänzen die Dimension der Mitarbeiterorientierung um die Dimension der Aufgabenorientierung. Je nach Ausprägung von Mitarbeiter- und Aufgabenorientierung ergeben sich in einer Matrix unterschiedliche Führungsstile.
14. Dreidimensionale Führungsstile nehmen ergänzend situative Komponenten mit auf.
15. Reddin geht davon aus, dass die Effektivität eines Führungsstils von der Situation abhängig ist. So ist beispielsweise ein verfahrensorientierter Manager in technostrukturierten Organisationen effektiv, während er in soziostrukturierten Organisationen ineffektiv sein kann, und umgekehrt ist der beziehungsorientierte Manager in soziostrukturierten Organisationsformen erfolgreich und in technostrukturierten Organisationsformen weniger erfolgreich. Das Reifegradmodell von Hersey/Blanchard orientiert sich weniger an den Organisationstypen, sondern an dem Reifegrad der Mitarbeiter, die durch Indikatoren wie Leistungswille, Fähigkeit, Ausbildung und Erfahrung, arbeitsrelevante Kenntnisse oder Selbstsicherheit und Achtung gekennzeichnet sind. Je nach Reifegrad der Mitarbeiter kommen unterschiedliche Führungsstile zum Tragen.
16. Beim Management by Exception greift die Führungsperson nur in Ausnahmefällen ein. Im Regelfall entscheidet der Mitarbeiter. Voraussetzung hierfür ist eine eindeutige Abgrenzung von Regel- und Ausnahmefall und die Übertragung von Aufgaben und Kompetenzen.
17. Beim Management by Delegation werden nicht nur Routine-, sondern auch anspruchsvolle Aufgabenbereiche delegiert, nicht aber typische Führungsfunktionen und Aufgaben mit weit reichenden Konsequenzen. Die Aufgaben können nicht zurück- oder weiterdelegiert werden. Die Vorgesetzten können nur in klar begrenzten Ausnahmefällen in den Zuständigkeitsbereich der Mitarbeiter eingreifen.
18. Kern der Technik ist die Vereinbarung von Zielen in einem partizipativen Prozess. Ziele werden gemeinsam entwickelt und formuliert, und es werden Meilensteine zur Zielüberprüfung festgelegt.

Antworten zu den Fragen zu Kapitel 3

1. Unternehmens- und Personalstrategie können unabhängig voneinander sein (Autonomieperspektive), integrativ gemeinsam festgelegt werden (HARVARD-Ansatz), oder sich gegenseitig bedingen. Im letzteren Fall kann die Personalstrategie die Unternehmensstrategie dominieren (ressource based view) oder umgekehrt die Personalstrategie aus der jeweiligen Unternehmensstrategie abgeleitet sein (market based view). Welche Sichtweise berechtigt ist, hängt mitunter von der jeweiligen Marktsituation ab.
2. In der Kostenführerschaft dominieren Preiskämpfe in sog. reifen Märkten. Personalpolitisch erscheinen die Mitarbeiter eher als Kostenfaktor. Innovationen sind wenig gefragt. Deshalb herrscht eher ein autoritärer Führungsstil vor, der den Mitarbeitern geringe Entscheidungsspielräume zubilligt. Personalentwicklung und Personalbindung spielen eine untergeordnete Rolle. Der Mitarbeiter ist überwiegen ein Kostenfaktor.

3. Arbeitgeber: Rechtzeitige Verfügbarkeit des Personals, effizienter und effektiver Einsatz und Motivation der Mitarbeiter; Arbeitnehmer: Gewährleistung eines sicheren Arbeitsplatzes, gute Verdienstmöglichkeiten und angemessene Entwicklungschancen.
4. Die Personalplanung umfasst die Personalbedarfsplanung, die Ausstattungsplanung und die Einsatzplanung.
5. Mitarbeitergespräche werden regelmäßig oder anlassbezogen durchgeführt. Die regelmäßigen Gespräche sind das Zielvereinbarungs-, das Beurteilungs- oder das Potentialgespräch. Die anlassbezogenen Gespräche orientieren sich an der Einstellung, der Probezeit, Fehlzeiten und Rückkehr aus Krankheit u.a, am Austritt und bei Verfehlungen an den jeweiligen Kritikpunkten (Ermahnung, Abmahnung, Kündigung).
6. Einflussfaktoren der Personalbedarfsplanung sind: das Leistungsprogramm (Art, Umfang, Qualität, Vielfalt), interne Einflüsse (Organisation: Spezialisierung und Standardisierung, Fehlzeiten), externe Einflüsse (politische und wirtschaftliche Rahmenbedingungen, rechtliche Vorgaben).
7. Determinanten eines optimalen Personalbedarfs sind einerseits die Arbeitskosten pro Betreuungsfall, die aufgrund von Spezialisierung und besserer Auslastung von Kapazitäten mit zunehmender Anzahl von Betreuungsfällen sinken, andererseits die steigenden Komplexitätskosten, die durch zunehmende Koordinationskosten pro Beratungsfall steigen. Optimal sind deshalb Personalbedarfe, in denen die Summe beider Fall- oder Stückkostenverläufe am geringsten sind.
8. Wie viele Beratungskräfte benötigen Sie?
Erster Schritt: Ermittlung der Nettoarbeitszeit
Ein Mitarbeiter arbeitet von 365 Tagen im Jahr abzüglich
- 104 Samstagen und Sonntagen
- 30 Urlaubstagen
- 8 Feiertagen
- 7 Kranktagen
- 1 innerbetrieblichen Feiertagen (Betriebsausflug)
- und 5 Fortbildungstagen

= durchschnittlich 210 Tage im Jahr mit 8 Arbeitsstunden täglich[35]
= **1680 Arbeitsstunden** insgesamt
Zweiter Schritt: Berechnung der Arbeitsmenge
Pro Klient fallen 780 Minuten = 13 Stunden reine Bearbeitungszeit an. Bei 1000 Klienten entspricht dies insg. 13.000 Stunden
(1) Bei einer reinen Arbeitszeit von 1680 Stunden benötigt man 8 (7,74) Beratungskräfte, die jeweils 125 Klienten betreuen
(2) 210 Arbeitstage x 15 Minuten x 8 Mitarbeiter
= ca. 32 zusätzliche Klienten
(3) 40.000 € x 8 MitarbeiterInnen = 320.000 €
320.000 €: 1.000 Klienten = 320 € pro Klient
320 €: 13 Stunden Beratung pro Klient
= 24,61 € pro Beratungsstunde
(4) 3 Tage Fortbildung x 8 Mitarbeiter = 21 »Mann«Tage
Bei 210 Nettoarbeitstagen und 40.000 € Bruttolohnkosten entspräche dies umgerechnet 4.000 € an reinen Personalkosten

---

35 Unterstellt wird eine 40-Stunden-Arbeitswoche

9. Bei unsicherem oder rückläufigem Personalbedarf wird im Extremfall eine unmittelbare Synchronisation der Personalausstattung vorgenommen, d.h., dass die Arbeitsverträge voll flexibilisiert sind und das Kündigungsrisiko allein beim Arbeitnehmer liegt. In der Praxis kommen Honorarverträge oder Outsourcing diesem Anspruch am nächsten. Genauso extrem wäre eine rein interne Anpassung der Verwendung und der Arbeitszeiten. Dies setzt entsprechende Versetzungs- und Anpassungsklauseln im Arbeitsvertrag voraus.
10. Fehlzeiten sind vorübergehende Zeiten in denen Mitarbeiter abwesend vom Arbeitsplatz sind (Krankheit, Fortbildung, Absentismus); Fluktuationen dagegen sind dauerhafte Abgänge des Personalbestandes durch Ausscheiden aus dem Erwerbsleben (Rente), Kündigung und Tod.
11. Alkoholmissbrauch tangiert sowohl die personenbedingten Kündigungsgründe als auch die Verhaltensbedingten Kündigungsgründe. Verhaltensbedingte Abmahnungsgründe liegen vor, wenn durch Alkoholmissbrauch betriebliche Vereinbarungen verletzt werden oder aber eine Minderleistung und ein Schaden entstehen. Dies ist in der Regel der offensichtliche Kündigungsgrund. Da Alkoholmissbrauch aber eine Krankheit darstellt, ist eine verhaltensbedingte Kündigung nur mit großen Einschränkungen erfolgreich durchführbar. Krankheiten zählen zu den personenbedingten Kündigungsgründen. Diese ist jedoch ungleich schwerer erfolgreich durchführbar. Der Arbeitgeber hat nach der sog. Drei-Stufen-Methode zu prüfen ob 1. weitere Krankheitsausfälle zu erwarten (z.B. nach mehrmaligem Therapiemisserfolg), die betrieblichen Auswirkungen erheblich und eine weitere Beschäftigung dieses Mitarbeiters nicht mehr nach Abwägen seiner damit verbundenen Einbußen nicht mehr zuzumuten sind.
12. Durch die Ausweitung der Arbeitszeiten auf bislang ungenutzte Zeitfenster können die betrieblichen Einrichtungen besser genutzt werden. Dadurch sinken aufgrund der Fixkostendegression die fixen Stückkosten pro Betreuungsfall und damit auch die gesamten Stückkosten. (wenn von Überstundenzuschlägen abgesehen wird).
13. Von Führungskräften wird allg. erwartet, dass sie neben der Fachkompetenz, die eher in den Hintergrund tritt, persönliche Kompetenzen wie strategisches denken, Selbstreflexion oder Kritikfähigkeit, soziale Kompetenzen wie Kommunikationsfähigkeit und Konfliktfähigkeit und vor allem Führungskompetenzen wie Durchsetzungsvermögen, Zielsetzungs- und Entscheidungsfähigkeit mitbringt.
14. Eine Personaleinstellung sollte wie eine Investitionsentscheidung behandelt werden, da sie langfristig wirkt und hohe finanzielle Beträge bindet.
15. Vorteile einer externen Personalbeschaffung sind:
    - Eine größere Auswahl
    - Der Personalentwicklungsaufwand wird extern mit »eingekauft«
    - Die Personalkosten sind bei evt. Personalabbau (betriebsbedingte Kündigung) niedriger
    - Die Einrichtung kann sich besser an aktuelle Marktveränderungen anpassen (z.B. auch durch direkte Markt- und Konkurrenteninformationen)
    - Es werden unter umständen neuartige Qualifikationsprofile erworben
    - Betriebsblindheit wird vorgebeugt
    - Die Einstellungen haben i.d.R. eine disziplinierende Funktion
    - Seilschaften werden verhindert
16. Jede Personalauswahl muss abwägen zwischen den Kosten des Auswahlverfahrens und dessen Nutzen (Auswahlgüte). Je umfangreicher der Entscheider Informationen einholen will, umso anspruchsvoller (Validität) sollte das Auswahlverfahren sein. Gleichzeitig können (nicht müssen) dadurch die Kosten pro Auswahlverfahren steigen.

17. Abschiedsformulierungen können sein:
    - Auf eigenem Wunsch und zu unserem größten Bedauern
    - Auf eigenen Wunsch
    - In beidseitigem Einvernehmen
    - Mussten uns von ihm trennen

    Wird kein Bedauern mitgeteilt, also auch bei betriebsbedingter Kündigung, dürfte eine (große) Unzufriedenheit des Arbeitgebers vorliegen!
18. Ein strukturiertes Interview hat den Vorteil, dass es immer nach dem gleichen Muster abläuft und damit vergleichbare Ergebnisse der verschiednen Interviews ermöglicht. Typisch ist die Struktur: Gesprächsbeginn, Präsentation der Einrichtung (kommt eventuell auch zum Schluss), Berufliche Situation des Bewerbers, Fragen zur Position und zu den dafür notwendigen Kompetenzen, Fragen zur persönlichen Situation des Bewerbers, Raum für Bewerberfragen, freundlicher Gesprächsabschluss mit Hinweis auf das weitere Vorgehen.
19. Durch das sog. Situative Dreieck werden Kompetenzen des Bewerbers nachgespürt. Das Durchsetzungsvermögen gegenüber einem Klienten könnte wie folgt erläutert werden: Hatten Sie schon einmal eine Situation, in der Sie sich gegenüber einem Klienten durchsetzen mussten? Erläutern Sie die Umstände dieser Situation und die eventuell damit verbundnen Schwierigkeiten. Wie sind Sie dabei konkret vorgegangen bzw. in einer fiktiven Situation, wie würden Sie dabei vorgehen? Warum handeln sie so? Schließlich was war das Ergebnis Ihres Vorgehens? Was haben Sie erreicht?
20. Das Arbeitsrecht wird von einer Vielzahl von Rechtsquellen beeinflusst. Zu unterscheiden sind das individuelle Arbeitsrecht mit dem Arbeitsvertragsrecht und den Arbeitsschutzrechten sowie das kollektive Arbeitsrecht mit dem Tarifvertragsrecht und dem Mitbestimmungsrecht.
21. Arbeitnehmer:
    - Erbringung der Arbeitsleistung
    - Treuepflicht
    - Pflicht zum sorgsamen Umgang mit dem Eigentum des Arbeitgebers
    - Verschwiegenheitspflicht
    - Wettbewerbsverbot

    Arbeitgeber:

    - Bezahlung der vertraglich vereinbarten Vergütung
    - Gleichbehandlungspflicht
    - Beschäftigungspflicht
    - Fürsorgepflicht
22. Befristete Arbeitsverträge sind zulässig wenn ein sachlicher Grund vorliegt (§ 14 TzBfG). Ohne sachlichen Grund sind befristete Arbeitsverhältnisse bis zu einer Dauer von insgesamt 2 Jahren und bei Arbeitnehmern, die das 58. Lebensjahr überschritten haben. Außerdem muss die Befristung schriftlich erfolgen, um wirksam zu sein.
23. Die Sozialarbeiterin erhält (Stand 2004):
    Eine Grundvergütung nach BAT Vb: 1.959,67 €
    Einen Ortszuschlag von 609,26 €
    Eine allg. Zulage von 114,60 €
    Insgesamt also eine Bruttogehalt von: 2.683,53 €

24. Die Personalhonorierung muss einer Reihe sehr unterschiedlicher Gerechtigkeitsvorstellungen genüge leisten: Intern erwarten die Mitarbeiter, dass ihr Gehalt den Anforderungen ihres Arbeitsplatzes, ihrer Leistung aber auch den sozialen Ansprüchen entspricht; extern sollte das Gehalt in etwa dem entsprechen, was vergleichbare Arbeitgeber bezahlen würden und schließlich eine Höhe nicht überschreiten, die ansonsten zur Insolvenz der Einrichtung und damit letztlich wiederum zum Verlust des Arbeitsplatzes führen würde.
25. Anlässe für eine Mitarbeiterbeurteilung sind:
    - Bei Einstellungen und Bewerberauswahlgesprächen
    - Bei Beendigung der Probezeit und Übernahme in ein Arbeitsverhältnis
    - Bei interner Stellenbesetzung
    - Bei der Festlegung und Weiterentwicklung der individuellen Entlohnung und zur Gestaltung einer größeren Leistungerechtigkeit (regelmäßige Mitarbeiterbeurteilung)
    - Bei der Auswahl geeigneter Personalentwicklungsmaßnahmen
    - Bei Trennung und Verabschiedung
    - Bei der Zeugniserstellung für den Mitarbeiter
26. Fehler bei der Mitarbeiterbeurteilung können sein:
    - Beziehungsbedingte Fehler
    - Bezugsgruppenbedingte Fehler
    - Serienfehler
    - Wahrnehmungsfehler
    - Maßstabsfehler
27. In der Einführungsphase einer Dienstleistung (z.B. sozialpädagogische Betreuung in der offenen Ganztagsschule) bedarf es vor allem Schulungen into the job; in der Wachstumsphase (z.B. Casemanagement in der ambulanten Betreuung) werden Schulungen insg. Groß geschrieben. Erste Führungskräfteentwicklungen sind hier notwendig. In der Sättigungsphase (stationäre Unterbringung von Jugendlichen) geht das Schulungsaufkommen zurück. Es sollte vor allem die Mitarbeiter für neue Aufgaben mitqualifizieren bzw. ihre Flexibilität erhöhen. In der Niedergangsphase (kaufm. Umschulungen) ist das Schulungsaufkommen bis auf Outplacementschulungen eingestellt.
28. siehe Kap. 3.7.3.

Die Autoren

Prof. Dr. phil. M.A. Ludger Kolhoff, Jahrgang 1957, studierte Pädagogik, Elektrotechnik und Politikwissenschaft in Berlin, arbeitete als Studienrat an einer Berufsschule mit sonderpädagogischen Aufgaben und war daneben als Aufsichtsrats- und Fachbeiratsvorsitzender eines Sanierungs-, Beschäftigungs- und Qualifizierungsträgers in Berlin tätig.
Nach Geschäftsführertätigkeiten für einen gemeinnützigen Verein (Mitglied des Diakonischen Werkes) und einer Beratungsgesellschaft des Paritätischen Wohlfahrtsverbandes und einer Berliner Stadtentwicklungsgesellschaft, seit 1993 Professor am FB Sozialwesen der FH-Braunschweig/Wolfenbüttel, Lehrgebiet Soziales Management mit den Aufgabenschwerpunkten: Organisation, Finanzierung, Existenzgründung, Personalwesen und Organisationsentwicklung in sozialen Einrichtungen

Prof. Dr. Ludger Kolhoff leitet seit 2001 den ersten in Deutschland akkreditierten Studiengang zum »Master of Social Management« an der FH Braunschweig/Wolfenbüttel. Er ist Mitglied des geschäftsführenden Vorstands der Bundesarbeitsgemeinschaft Sozialmanagement/Sozialwirtschaft an Hochschulen e.V..

Prof. Dr. rer. pol. Georg Kortendieck, Jahrgang 1959, studierte Volkswirtschaftslehre in Freiburg i. Brsg., und arbeitete als wissenschaftlicher Assistent am Institut für allg. Wirtschaftsforschung, Abt. Sozialpolitik. Von 1993 bis 2001 Geschäftsführer und pädagogischer Leiter in der kath. Erwachsenenbildung in Niedersachsen. Daneben Lehraufträge an der KFH Norddeutschland und der KFH Münster. Seit 2001 Professor am FB Sozialwesen der FH Braunschweig/Wolfenbüttel, Lehrgebiet Soziales Management mit den Aufgabenschwerpunkten Betriebswirtschaft, Marketing, Qualitätsmanagement, Kostenrechnung und Controlling sowie Personalwirtschaft und Mitarbeiterführung in sozialen Einrichtungen.